포트폴리오를 위한

패션 디자인 발상 & 기획 워크북

포트폴리오를 위한

패션 디자인 발상 & 기획 워크북

이경희 · 이은령 · 김윤경 지음

FOR PORTFOLIO
FASHION DESIGN
INSPIRATION &
PLANNING
WORKBOOK

교문사

PREFACE

초감성 시대를 맞이하고 있는 21세기 패션산업은 변화 속도는 더욱 빨라지고 그 반응은 더욱 민감하고 예민해지고 있다. 새로운 디자인에 대한 욕구는 창의적인 디자인 발상과 기획 능력을 요구하는데, 더 이상 새로울 것이 없는 정보와 지식의 홍수 속에서 또 다시 신선하고 독창적인 무언가를 만들어내야 하는 학생들에게 디자인 발상과 기획 능력은 막연한 부담감으로 다가왔을 것이다.

이 책은 디자이너를 꿈꾸는 학생들에게 디자인 발상과 기획에 대한 훈련을 통해 패션 산업 분야에서의 디자인 발상 및 기획 프로세스를 이해하고 이를 자신만의 포트폴리오로 만들 수 있도록 하기 위해 구성하였다. 자신의 삶에 대한 관찰과 주변의 작은 것에서부터 발상의 영감을 찾는 것을 시작으로 패션 브랜드를 조사하고 이를 분석하여 경쟁력 있는 브랜드 디자인을 기획하며 나아가 자신의 창의적 감성을 펼칠 수 있는 컬렉션 디자인까지, 이러한 모든 과정이 자신의 패션 감성을 보여주는 매력적인 포트폴리오로 탄생되는 데 도움이 될 수 있기를 바라며 이 책을 준비하였다.

이 책의 내용은 크게 3개의 Part로 구성되어 있다.

Part 1은 창의적인 디자인 발상에 근원이 되는 다양한 소스(source)에 대해 살펴보았다. chapter 1의 자연조형, chapter 2의 회화, chapter 3의 역사성, chapter 4의 민속성, chapter 5의 인공 조형, chapter 6의 IT까지 디자인 발상에 풍성한 인스피레이션을 제공하는 오브제에 대해 다양한 시각적 자료로 창의적 감성을 자극하고자 하였다.

Part 2의 패션 디자인 기획에서는 예비 디자이너로서 디자인 기획 능력을 키우는데 초점을 맞추어 구성하였다. chapter 7은 브랜드 디자인 기획 프로세스, chapter 8은 브랜드 디자인 플러스 발상과 전개, chapter 9는 뉴 브랜드 디자인 기획에 대해 설명하였다.

Part 3의 컬렉션 디자인에서는 예비 디자이너로서 첫발을 내딛는 졸업 패션쇼의 준비 과정을 디자인 발상 측면에 초점을 맞추어 살펴보았다. chapter 10은 졸업 컬렉션에 대해 설명하였고, chapter 11은 포트폴리오에 대해 설명하였다.

이 책은 워크북이 중심이 되는 교재로 이해를 돕기 위해 디자인 발상과 기획에 관련된 수업 결과물을 각 Chapter별로 담았다. Part 1의 크리에이티브 디자인 발상에서는 각 chapter의 주제에 맞추어 트렌드 정보 업체에서 제공하는 트렌드 자료와 학생작품을 함께 실어 실전 감각을 키우고자 하였다. Part 2의 패션 디자인 기획에서는 2018년 한국의류학회 패션상품기획 콘테스트에 출품한 학생작품들을 사례로 제시하여 이해를

돕고자 하였다. 2부에서는 학생들이 직접 워크북을 통해 훈련해 봄으로써 패션 브랜드 디자인 기획에 도전해 볼 수 있도록 하였다. Part 3에서는 졸업 작품 발표회를 준비하는 과정에서 주제를 정하고 이를 창의적인 디자인 전개로 연결해 나가는 일련의 과정을 학생작품들로 이해를 돕고 워크북을 통해 훈련 해 볼 수 있도록 하였다. 이러한 준비와 노력이 학생들의 경쟁력 있는 포트폴리오 구성에 도움이 될 수 있기를 바라는 마음이다.

디자인 발상과 기획에 관련된 수업 내용의 피드백을 바탕으로 완성된 이 책이 학생들의 창의적 발상과 유연한 사고를 돕는 데 도움이 될 수 있기를 간절히 바라는 마음이다. 앞으로 부족하고 미흡한 부분은 계속 수정 보완해 나갈 수 있도록 따뜻한 조언과 질정을 부탁드린다.

끝으로 집필 기간 동안 도움의 손길과 관심을 보여주신 모든 분들께 감사의 뜻을 전하며 교문사 류제동 회장님을 비롯한 편집부 직원 여러분께도 감사의 마음을 전한다.

2019년 2월
효원(曉原) 산기슭에서
저자 일동

CONTENTS

PART 1

크리에이티브
디자인 발상

창의적인 발상은 유연한 사고에서 지속적으로 개성 있게 표출될 수 있다. 발상의 근원이 되는 다양한 소스(source)로부터 얻는 비시각적인 인스피레이션(inspiration)을 디자이너의 관점에 따라 시각적으로 표현하고 전개하여 발전시키면서 창의적인 발상은 완성된다. 이때 표현되는 이미지는 특정 대상을 지각하고 인식하는 과정에서 경험하게 되는 상(像, 表象, 心象)으로서 분위기, 감각, 연상 등의 의미를 함축하는 총체적인 개념이다.

의복에서의 이미지는 착용자의 감성과 취향을 드러내며 의복의 기능적 특성과 함께 심미적인 특성이 중요시되는 속성을 포함한다고 할 수 있다. 그러므로 의복을 기획할 경우 타깃의 라이프 스타일이나 소비자 감성을 고려하여 상품의 비중을 물리적 기능보다는 소비의 미덕과 감성의 만족도에 더 높이 두어 부가가치를 높이기도 한다. 이때, 다양한 디자인 소스(source)로부터 발상을 전개해나가는 훈련은 창의성 개발에 중요한 역할을 할 것이다.

Part 1에서는 자연 조형, 회화, 역사성, 민속성, 인공 조형, 회화, IT 등이 디자인 발상 소스(source)가 되어 이미지에 의해 발상된 디자인의 특성과 그 예를 살펴보고, 이를 토대로 다양한 이미지에 의한 자유로운 발상을 시도해 보기로 한다.

CHAPTER 1

자연 조형에 의한 디자인 발상

인간이 최초의 조형 활동을 시작했을 때 그 발상의 근원은 자연물이 지배적이었다. 원시 시대의 동굴 벽화, 고대·중세· 근세·근대의 건축, 공예, 미술, 문화적 유물 등으로부터 19세기 후반의 조형 운동인 아르누보 양식에 이르기까지 자연 물에서 발상의 근원이 된 것을 쉽게 찾아볼 수 있다.

디자인 발상의 근원을 자연에서 살펴보면 크게 생물과 무생물로 나눌 수 있다. 생명이 있는 생물은 식물과 동물로 분류 되며, 무생물은 대지, 하늘, 암석, 바다 등 생물을 제외한 모든 것이 포함된다. 자연에 근원을 둔 자연 조형들은 인간의 예술 활동뿐 아니라 건축, 실내 디자인, 공예, 디자인 창작 활동에 중요한 모티프를 제공한다.

의복도 인간의 중요한 조형 활동 중 하나로 많은 부분을 자연에서 깊이 영향을 받아 왔으며 자연은 디자인 발상의 풍 부한 이미지 근원이 된다. 특히, 패션 트렌드 중 자연(nature), 에콜로지(ecology), 프리미티브(primitive) 테마가 확산될 때 이미지의 근원으로 많이 사용된다.

이 장에서는 식물, 동물, 자연환경을 중심으로 이미지의 근원을 가져와 의복 디자인 발상한 것을 살펴보고자 한다.

식물에 의한 디자인 발상

식물은 패션 디자인의 여러 가지 요소에서 이용되는 디자인 발상의 근원으로 친숙하다. 또한, 식물의 줄기, 잎, 열매 등이 의복 디자인의 요소인 실루엣, 소재, 무늬, 색채를 표현하는 데 많이 활용된다. 식물에 의해 디자인 발상된 의복은 친숙해서 쉽게 알아볼 수 있고 뜻밖의 효과를 주기도 한다.

사실적이거나 단순화되게 형태 또는 입체적인 장식으로 표현하며 독특한 조형적 아름다움을 극대화시키기도 하고, 색감·무늬·자연친화적 소재 등으로 사용하여 자연의 원시적이고 신비로운 야생적인 이미지를 현대적 감성으로 해석하여 독특한 창의적 디자인의 매력을 표현한다.

그림 1-1 식물에 의한 디자인

© Ovidiu Hrubaru / Shutterstock.com © catwalker / Shutterstock.com © FashionStock.com / Shutterstock.com © FashionStock.com / Shutterstock.com © FashionStock.com / Shutterstock.com

동물에 의한 디자인 발상

인류가 최초로 의복을 착용했을 때 사용된 재료는 수렵 채취로 얻은 동물의 가죽이나 모피가 많이 사용되었다. 신분제 사회로 접어들면서 특히 모피로 신분을 상징하는 수단이 되었으며, 현대 사회에서는 천연 모피뿐 아니라 인조 모피도 다양하게 개발되어 대중적으로 폭넓게 이용되고 있다. 이 장에서는 포유류, 조류, 곤충, 어패류 등에 이미지 근원을 둔 디자인 발상을 중심으로 살펴보겠다.

포유류에 의한 디자인 발상은 여러 종류의 가죽을 소재로 직접 이용하거나 직물 무늬로 많이 활용하는데, 따뜻한 이미지를 주기 때문에 겨울용 의류에 많이 사용하게 된다. 동물의 이미지에 발상의 근원을 둔 디자인들은 애니멀리즘(animalism)이라는 패션 트렌드로 표현된다. 포유류의 가죽의 무늬, 퍼, 뼈 등은 자체가 가지는 토테미즘의 주술적 상징성과 야성적인 원시적 이미지를 강렬하게 표현하는데 효과적이다.

조류는 과거에는 주술적 의미와 상징적 의미로 사용되었고 오늘날에는 부분적 혹은 전체적으로 의복 디자인에 많이 활용되고 있다. 의복에 깃털 장식을 하면 볼륨감을 주며 공기의 흐름과 함께 나타나는 깃털의 미묘한 움직임이 주는 율동감, 독특한 색감과 광택은

그림 1-2 동물에 의한 디자인

화려하고 고급스러운 이미지와 함께 그로테스크하고 초자연적인 이미지를 효과적으로 연출할 수 있다. 또 새의 머리, 부리, 발톱은 권위적인 이미지를 가지고 있어 어깨(에폴렛)나 머리 장식물로 사용하여 신비로움과 남성적인 강인함을 매력적으로 표현할 수 있다.

곤충류에 의한 디자인 발상의 예는 아름다운 것만 미의 범주에 포함되는 것이 아니라 추하고 저속한 것도 디자인 발상으로 활용할 수 있음을 보여주는 예로써 디자인에 많이 사용되고 있다. 곤충이 가지는 독특한 조형미와 함께 달팽이 형태, 거미줄, 잠자리 날개의 무늬 등은 유머러스하고 섬세한, 또 동화 같이 신비롭고 로맨틱한 이미지와 함께 에로틱하고 그

로테스크한 이미지를 창의적으로 나타낼 수 있다.

물고기나 조개, 불가사리 등 바다에 있는 생물들은 직물에 비늘과 같은 질감을 살린 재질효과뿐만 아니라 의복의 부분적인 장식에 많이 이용한다. 어패류 이미지는 대체로 유연함과 시원함을 주므로 여름용 비치웨어 디자인 발상에 많이 활용된다. 또한 어패류에 의한 디자인 발상은 면, 마, 리넨 등의 천연 소재를 사용하여 에콜로지 룩으로 많이 나타난다.

자연환경에 의한 디자인 발상

자연은 하늘, 대지, 암석 등에 근원을 두어 색채, 형태, 무늬, 재질 등으로 신비롭고 광활하고 압도적인 경이로운 이미지를 가진 자연환경을 효과적으로 표현할 수 있다. 디자인 발상의 접근방법에는 직접적으로 자연의 형태, 색채, 소재, 무늬 등을 그대로 표현하거나 생략, 변형, 간소, 은유 등의 변화를 주어 표현하기도 한다.

예를 들면, 끝없이 보이는 산등성이의 웅장하고 장엄한 장면과 얇은 소재 겹침의 색감과 유동미가 주는 오묘한 아름다움, 빛을 받아 반짝이는 빙하의 광택과 조각을 적절히 살리며 퓨처리스틱한 현대적 감성을 표현하는 등 감성과 실루엣에 있어서 디자이너의 창의적인 발상을 최대한 발휘할 수 있도록 자극하는 발상의 보고라고 할 수 있다.

그림 1-3 자연환경에 의한 디자인

© FashionStock.com / Shutterstock.com
© Surrphoto / Shutterstock.com
© FashionStock.com / Shutterstock.com
© Marina Tatarenko / Shutterstock.com
© FashionStock.com / Shutterstock.com

자연 조형에 의한 디자인 발상의 예

패션 트렌드에 나타난 자연 조형에 의한 디자인 발상

이 트렌드에 의한 디자인 발상의 콘셉트, 패브릭, 패턴 내용은 패션넷코리아(FashionNETKorea) 홈페이지에 게재된 2016 S/S Trend의 트렌드 자료를 인용하였다(자료: (재)한국패션유통정보연구원, 패션넷코리아).

1) 테마 : 'BIOTOPIA'

그림 1-4 테마 이미지

Searching from Nature

• 자연을 통한 유토피아

• 특히 무한한 잠재력을 가지고 있는 바다에 대하여 이야기

• 식물과 자연 그 자체에서 혹은 미지의 심연 속 다양한 생물과 어우러진 유토피아

• 또한 가공하지 않은 자연 자체에서 치유를 얻고,

• 심연의 생물에서 나오는 빛들을 통해 생물낙원(bio-utopia)을 꿈꾼다.

Style

- 신비롭고 새로운 세계를 탐색하고 꿈꾸며, 미래지향적인 요소(특히, 인공적인 소재)를 활용

- 우아하고 서정적이며, 감성적인 스타일을 추구

- 흐르는 듯한 곡선의 우아함을 보이는 유선형의 건축적 형태의 실루엣

- 3D의 표현과 환상적인 빛의 효과를 표현하는 신세틱의 적용

Color

- 가공하지 않은 자연, 특히 바다 깊은 곳으로부터의 생물체 자체에서 영감을 받은

- coral, blue & green이 깊은 바다를 표현하는 navy와 함께 어우러져서

- 우리가 꿈꾸는 생물 낙원을 표현

2) Style 전개

① Shimmery Sea(희미하게 빛나는 바다)

- 희미하게 빛나는 바다를 연상시키는 광택이 있는 소재를 활용한 퓨처리스틱 페미닌룩
- 미니멀한 실루엣
- 루렉스 얀을 더해 빛나는 효과를 내는 투명한 튤(tulle)과 오간자(organza)
- 광택이 있는 새틴 실크 소재

- 광택이 있는 투명한 소재를 활용한 퓨처리스틱 레이디 라이크룩
- 볼륨감을 준 바삭한 투명 실크 소재
- 리퀴드한 패턴, 바다생물을 표현한 오가닉 패턴
- Shell과 pearl, Jelly Fish가 희미하게 빛나는 바다 표현
- 깊은 바다를 상징하는 블루톤을 액센트로 활용

② Underwater Fantasy(수중의 판타지)

- 바다의 물결과 어우러진 바닷속 생물들과 풍경을 환상적으로 표현한 그래픽에 초점
- Tsumori Chisato(日. 디자이너)의 물결을 상징하는 러플 디테일과 바닷속 풍경을 모티프로 한 그래픽에서 영감

- 유니크한 걸리시룩을 제안
- 트라페즈 라인의 심플한 드레스가 키아이템
- 바다의 움직임을 떠올리게 하는 러플 디테일과 웨이브 밑단 패널, 바다의 생물을 표현한 패턴들이 스타일을 완성
- 아쿠아틱한 Abyss와 Mosaic, Jade Cream 활용
- Coral이 액센트로 활용

③ Synthetic Mermaids(인공적인 머메이드)

- 머메이드(Mermaids)에서 영감을 받은 우아한 페미닌룩 제안
- 머메이드의 품위 있는 실루엣과 찬란한 비늘을 표현하기 위해 입체적인 보석과 시퀸(sequins), 빠에뜨(paillette) 장식 활용

- 올오버(Allover) 빠에뜨와 시폰 드레이프 장식의 슬림한 미디 기장의 펜슬 스커트
- Flared Hemline의 머메이드를 연상시키는 슬림 롱 드레스
- 드레이프와 러플 디테일로 자연스러운 라인을 강조
- 아쿠아톤의 블루와 빛을 내는 Fish Scale 표현
- Coral과 Pearl로 우아함을 표현

④ Ethereal Wave(천상의 물결)

- 바다의 컬러와 물결의 모티프를 활용해 바닷속 여신을 표현한 페미닌룩
- 가볍고 투명한 시폰과 리퀴드한 실크 소재의 활용
- 워터폴(waterfall) 드레이프, 스모크(smack), 플리츠(pleats) 등 페미닌한 디테일이 스타일을 표현

- 주름 잡힌 튤 소재가 겹겹이 레이어드 된 드레스와 반투명한 시폰(chiffon) 풀 스커트 드레스
- 가디스(Goddess) 스타일의 드레스
- 비대칭적인 티어드 드레스
- 환상적인 바다를 표현하는 아쿠아톤 활용
- Shell과 Pearl로 우아함을 표현

⑤ Technical Organic(테크니컬한 유기체)

- 유니크한 레이어의 페미닌한 캐주얼룩 제안
- 리퀴드한 바다와 해저 식물들을 표현한 라텍스(latax)와 아노락(anorak) 소재 활용
- 인공적인 홀로그램 광택의 신세틱 소재

- 실크 드레스와 매치된 유틸리티 아노락 점퍼
- 해저식물이 오가닉한 모티프를 그래피컬하게 표현
- 패턴 collage 패턴
- 스포티하고 유틸리티한 요소를 접목시키지만, 하늘거리는 시폰 스커트가 중심이 되는 페미닌룩
- 수중의 식물을 표현한 Coral톤의 컬러와 Seaweed
- 테크니컬한 느낌을 주는 Shell과 Jelly Fish 활용

⑥ Color Combination

⑦ Bag & Shoes

Embellished Clutch

Embellished Tote

Party Mini-bag

Aquatic Graphic

Thin Strapped Sandal

Transparent Sandal

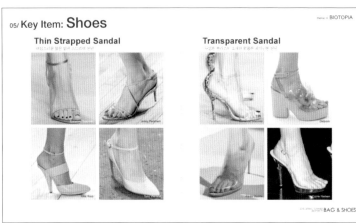

Glittering Sandal

Embellishment

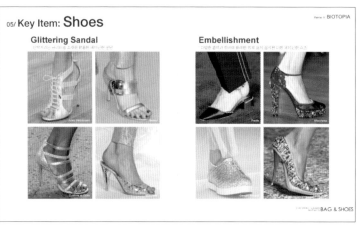

Aquatic Shade

Metallic Iridescent

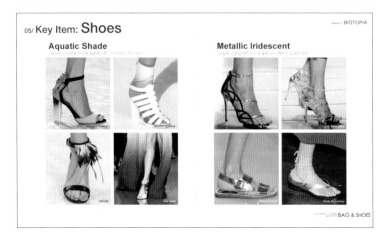

Aquatic Graphic

Underwater Sea-life

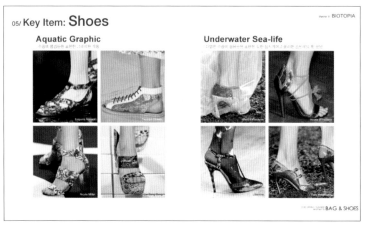

자연 조형에 의한 디자인 발상 연습

1) 디자인 발상 워밍업(Warming up the Design Inspiration)

2) 테마(Theme) : 'A Breathing things'

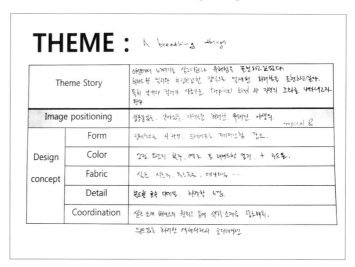

3) 테마 이미지 맵(Theme Image Map)

4) 컬러 & 소재 맵(Color & Fabric Map)

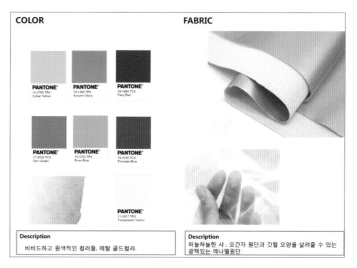

5) 스타일 맵(Style Map)

6) 디자인 전개(Design Development)

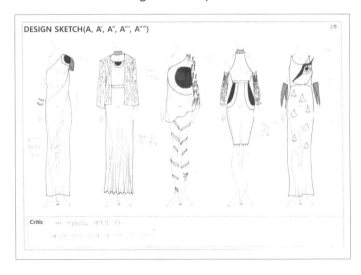

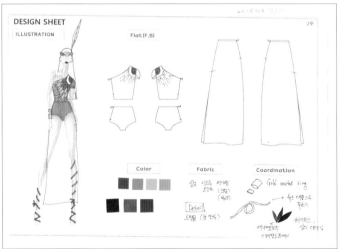

자료: 김소연 학생 작품

회화에 의한 디자인 발상

예술과 패션의 상호교류는 오래 전부터 이어져 왔다. 시각에 호소하는 예술로서의 회화나 조각, 건축 등은 패션 분야에 창의적인 영감을 주는 좋은 오브제로 21세기 하나의 문화 트렌드로 자리 잡고 있다.

비비안 웨스트우드(Vivienne Westwood)는 프랑스 18세기 로코코 시대의 화가 장 앙투안 와토(Jean-Antoine Watteau)의 그림에서 받은 영감을 자신만의 펑크 감성을 넣어 1989년 F/W 컬렉션에서 선보였다. 1965년 이브 생 로랑(Yvew Saint Laurent)은 추상화가 피터르 몬드리안(Pieter Mondriaan)의 작품에서 영감을 받아 모던하고 기하학적 패턴이 돋보이는 몬드리안 스타일의 드레스를 발표하여 유행시켰다. 이러한 예술과 패션의 교류는 콜라보레이션(Collaboration)이라는 협업으로 패션 브랜드의 다음 시즌 테마보다 그들이 어떤 아티스트와 협업을 통해 기존의 관념을 뛰어넘는 작품을 만들어내는지에 관심이 집중되기도 한다.

이 장에서는 회화에서 영감을 받은 다양한 디자인을 살펴보고자 한다.

작가를 알 수 없는 고대 이집트 피라미드 벽화의 그림을 시작으로 인간에 의해 표현되는 시지각적 예술로서 회화는 패션 디자이너에게 무한한 영감을 준다. 디지털 프린팅을 이용하여 그림의 일부나 전체가 의복의 패턴으로 사용되기도 한다. 회화의 조형적 특징을 단순화, 구조화시키거나 패치워크, 아플리케, 터킹 등 의복의 구성요소기법을 이용해 표현에 변화를 주기도 한다.

1930년대 초현실주의 대표 패션 디자이너 엘자 스키아파렐리(Elsa Schiaparelli)는 초현실주의 화가 살바로르 달리(Salvador Dali)의 작품에서 영감을 받아 다양한 의상을 선보였다. 20세기 중반 대중문화의 모든 현상을 가리지 않고 특징적으로 묘사한 팝 아트는 아직까지 패션에 많은 영감을 주고 있다. 대표적인 팝 아트 작가인 로이 리히텐슈타인, 앤디 워홀, 클레이즈 올덴버그, 데이비드 호크니, 피터 블레이크 등의 작품들은 여전히 많은 패션 디자이너에게 사랑받고 있다. 팝 아트 작가의 작품들은 패션 속에서 과감한 컬러대비로 액티브 이미지를 주거나 친근함과 의외의 신선함으로 유머러스한 이미지를 주기도 한다.

포스트모던 문화의 탈장르, 융합의 분위기 속에서 예술은 하나의 독립된 개체에서 벗어나 실생활의 한 부분으로 자리하면서 독창적인 패션의 표현 수단이 되고 있다. 예술과 패션의 만남은 예술의 미적 표현을 단순하게 가져오는 것에서 나아가 디자이너의 감성과 표현 의도에 따라 독창적인 방법으로 새롭게 창조될 수 있어 순수예술과의 공감대 형성은 더욱 활발히 이루어질 것이다.

그림 2-1 회화에 의한 디자인

회화에 의한 디자인 발상의 예

패션 트렌드에 나타난 회화에 의한 디자인 발상

이 트렌드에 의한 디자인 발상의 콘셉트, 패브릭, 패턴 내용은 한국패션유통정보연구원의 홈페이지(www.fadi.or.kr)에 게재된 2017 F/W Print & Pattern Trend Forecast Season Stories와 Key Trend의 트렌드 자료를 인용하였다(자료: (재)한국패션유통정보연구원).

1) 테마 : 'CHARM CRASH(매력적인 충돌)'

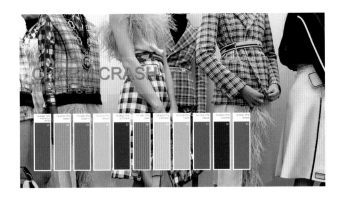

Unusual Nerdy(독특한 괴짜)

- 아티스틱한 그래피티
- 핸드드로잉과 키치한 묘사
- 페인터리한 추상적인 그림이 뒤섞여 경쾌하고 독특한 취향을 표현
- 그래픽이 겹겹이 혼란스럽게 표현
- 퀄키(quirky)한 장난스러운 감성이 가득한 아트웍들이 특징

Graphic Message(그래픽 메시지)

• 사회적 메시지를 담은 슬로건이나 로고 플레이
• 패치드된 개성있는 자수와 엠블럼은 불규칙하고 자유로운 배치로 키치하고 반
  항적인 감성을 표현
• 클래식한 체크나 슈트에도 믹스 앤 매치되어 개성있는 스타일을 연출

>>KEY TREND

Pop & Kitsch(팝&키치)

• 컬러풀하고 퀄키한 오브젝트, 핸드드로잉 낙서 모티프들의 자유로운 구성
• 브라이트하고 대조되는 컬러들의 패턴이 핵심
• 산만한 로고와 캐릭터들의 조합으로 스트리트의 감성 표현

>>KEY TREND

Realistic(리얼리스틱)

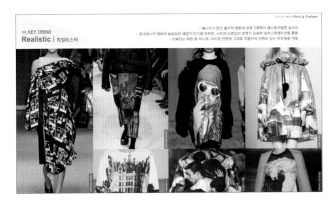

- 메시지가 담긴 풍자적 명화와 포토그래픽의 에디토리얼한 콜라주
- 르네상스의 명화와 동화 같은 배경의 디지털 프린트, 사진과 드로잉의 경계가 모호한 일러스트레이션 활용
- 반복되는 패턴뿐 아니라 아이템 전면에 그대로 적용되어 임팩트 있는 아트웍 연출

>>KEY TREND

Street Graffiti(스트리트 그래피티)

- 슬로건, 정치적인 메시지, 자유롭게 스프레이한 그래피티, 공들이지 않은 무질서한 낙서들을 활용한 스트리트 감성의 아트웍
- 블랙 앤 화이트 또는 강렬한 컬러를 활용하여 자유롭게 패턴을 구성

회화에 의한 디자인 발상 연습

1) 디자인 발상 워밍업(Warming up the design inspiration)

2) 테마(Theme) : IM;PERFECT

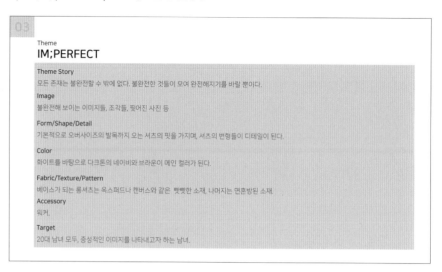

3) 이미지 맵(Image Map)

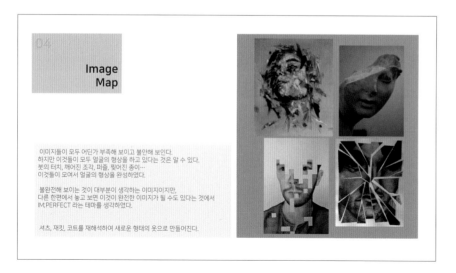

4) 컬러 & 소재 맵(Color & Fabric Map)

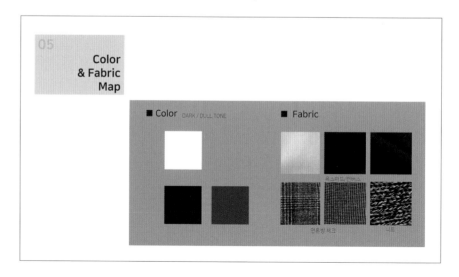

5) 스타일 맵(Style Map)

6) 디자인 전개(Design Development)

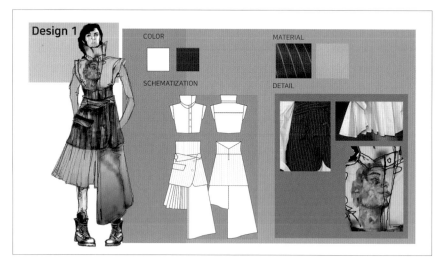

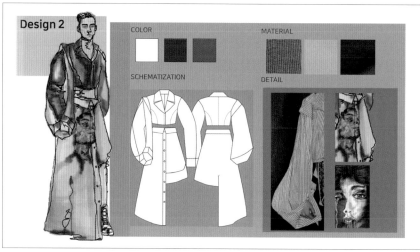

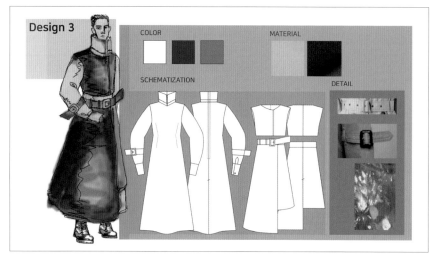

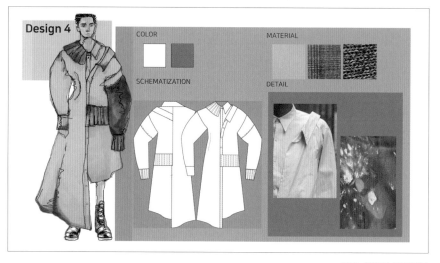

자료: 황윤정 학생 작품

역사성에 의한 디자인 발상

패션 디자인의 테마는 우리 생활과 관련된 모든 대상에서 얻을 수 있으며 그 종류와 전개 방법도 매우 다양하다. 특히 원시시대의 독특한 장식에서부터 고대, 중세, 근세, 근대 복식에 이르기까지, 복식사에 나타난 다양한 양식의 이미지에서 디자인의 테마를 쉽게 찾을 수가 있다.

과거의 복식 양식에 근원을 둔 현대 패션은 시대적 감성에 맞게 재해석되어 개성있고 스타일리시한 창의적 디자인 으로 표현되고 있다.

과거의 의복에서부터 디자인의 영감을 얻게 되는 경우 전체적인 이미지는 표현하되, 옛 것을 그대로 재현한 디자인 은 피하는 것이 바람직하다. 특히 현재의 패션 트렌드를 고려한 실루엣이나 소재, 색채, 디테일 등으로 디자인을 전 개하는 것이 바람직하며, 착장법(着裝法) 및 시대적 이미지를 함께 포함시켜 디자인으로 연결한다면 역사적 이미지 가 좀 더 친근하게 표현될 수 있을 것이다.

여기서는 원시, 고대, 중세, 근세, 근대 등 과거의 복식 양식에 근원을 두고 그 시대적인 이미지를 현대 패션의 디자 인 발상에 적용시킨 예를 살펴 그 특성을 알아보기로 한다.

원시적 양식에 의한 디자인 발상

인류의 역사를 살펴보면 인간은 신체를 보호하고 장식하여 아름답게 보이고자 하는 욕구를 의복의 여러 요소를 통해 표현해 왔음을 알 수 있다. 의복을 통해 자신을 표현하고자 하는 인간의 욕구는 예나 지금이나 변함이 없지만, 표현 형태나 방법에서 다양성을 나타낸다. 특별한 재단이나 재봉 기술이 없었던 원시시대에는 의복의 형태적 특성보다 장식적 도구를 통해 그들만의 아름다움이 표현된 예들을 여러 자료들에서 찾아볼 수 있다.

뿐만 아니라, 원시적인 소재의 투박한 자연스러움, 단순한 제작에 의한 구성, 원색적인 컬러감, 동물 뼈와 같은 장신구, 인체 노출과 함께 원주민들처럼 신체의 노출 부위에 과장과 인위적인 변형 및 채색 등의 과도한 장식적 욕구를 표현하여 신체 특정 부위를 강조하며 원시적인 이미지를 야생적인, 투박한, 거친 그리고 의외의 세련되고 독특한 미적 감성을 표현할 수 있다.

그림 3-1 신체부위를 변형한 예

그림 3-2 원시적 양식에 의한 디자인

고대 양식에 의한 디자인 발상

이집트 양식에 의한 발상

고대 이집트(Egypt)는 세계 4대 문명 발상지의 하나로 그들의 의복이 최초의 종합적인 문화의 형태로 나타났다는 점에서 중요성을 지닌다. 이집트를 연상할 때 스핑크스, 피라미드 등의 거대한 문화유산과 함께 나일강과 광활한 사막, 뜨거운 태양, 건조한 기후 등의 자연환경이 떠오른다.

고대 이집트의 의복은 이러한 자연환경에 적합하도록 신체의 일부에 걸치거나 전체적으로 헐렁하게 둘러 입는 형태가 주를 이루며, 또한 태양신을 숭배하여 의복에도 종교적 색채가 많이 반영되었다. 기하학적 규칙성과 흰색의 리넨 소재, 태양빛을 상징하는 빛나는 금색도 이집트 의복의 특징적 요소이다. 파시움이라는 넓은 장식 목걸이를 떠오르게 하는 장신구나 네크라인 디자인, 태양빛을 상징하는 방사형 라인을 살린 주름(플리츠)이나 줄무늬, 벽화의 상형문자나 그림, 미라의 붕대나 피라미드의 삼각형, 신성시하는 곤충이나 동물의 특징, 황금빛 컬러를 발상의 근원으로 한 디자인은 이집트의 이미지를 극대화시키며 효과적으로 표현할 수 있다.

그림 3-3 투탕카멘 왕과 왕비

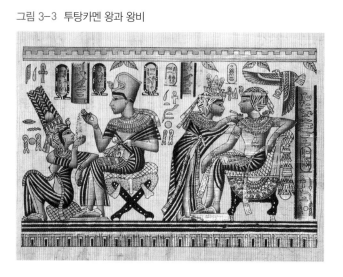

그림 3-4 고대 이집트 복식

그림 3-5 이집트 양식에 의한 디자인

© Humberto Vidal / Shutterstock.com

© Ovidiu Hrubaru / Shutterstock.com

© Featureflash Photo Agency / Shutterstock.com

© Featureflash Photo Agency / Shutterstock.com

© FashionStock.com / Shutterstock.com

© lev radin / Shutterstock.com

그리스 · 로마 양식에 의한 발상

고대 그리스(Greece)와 로마(Rome)인들은 온화한 지중해성 기후로 인체 노출의 미와 율동미를 중시하였다. 의복에서도 재단이나 재봉을 하지 않고 한 장의 천을 자유롭게 걸치거나 두르는 형식의 드레이퍼리(drapery)형이 주를 이루었다. 그리스의 의복이 인체의 미와 전체적인 조화와 균형을 중시한 데 비하여, 로마는 사회적 신분을 반영한 드레이퍼리형의 의복이 특징적이었다.

고대 그리스와 로마 의복에 나타난 드레이퍼리는 우아한 여성미와 차분하고 안정된 이미지를 표현하는 디자인 발상에 주로 이용된다. 인체에 피트한 실루엣에서 나타난 드레이퍼리는 섹시한 이미지를 표현하기도 하여, 현대 패션에서 다양한 디자인 발상에 이용할 수 있다. 드레이프는 야윈 체형의 빈약함에는 볼륨감을 더해주고 살찐 체형의 풍만함은 적절히 가려주는 체형 커버 효과가 있다. 부드러운 소재의 질감과 함께 드레이프는 여성의 기품있는 아름다움을 우아하고 고급스럽게 또는 많은 드레이프로 권위와 위엄을 강하게 나타내기도 한다.

또 드레이퍼리형 의복의 인체를 감싸는 특성을 역설적으로 이용한 과감한 노출이 주는 의외성을 전달하며 반전의 개성을 독특하게 표현할 수 있다. 로마시대 샌들의 끈 장식은 현대 패션에서 다양한 글래디에이터 슈즈로 색다른 매력을 나타낸다.

그림 3-9 고대 그리스 · 로마 양식에 의한 디자인

그림 3-6 하마티온을 착용한 고대 그리스 여성

그림 3-7 고대 로마 병사

그림 3-8 고대 로마 남녀 복식

중세 비잔틴 양식에 의한 디자인 발상

역사적으로 중세는 서로마가 멸망한 5세기 후반부터 15세기 르네상스 이전까지의 약 1000여 년 간의 기간을 말하며 서유럽과 동로마 제국으로 구분된다.

비잔틴(Byzantine) 제국은 동로마 제국을 가리키며 비잔틴 제국의 의복은 로마네스크 양식과 르네상스 양식의 모체가 되었다는 점에서 복식사적 의의를 지닌다. 비잔틴 제국의 의복에 나타난 특성은 고대 로마 제국의 정치적 전통 위에 그리스 문화가 함께 융화된 그레코 로망(greco-roman) 형식을 기본으로 하고 있다. 특히 중세는 모든 것이 종교 중심의 봉건 체제를 이루었으며, 비잔틴 제국의 의복(튜닉(tunic)과 팔루다멘튬(paludamentum))에서도 이러한 종교적인 색채가 강하게 나타나고 있다.

절대신을 숭배하여 인간의 육체를 부정한 박스형 실루엣이 많았으며, 금·은사로 자수를 놓거나 보석 등으로 장식한 화려하고 중후한 의복이 주를 이루었다. 또한 동방에서 갖고 온 화려한 색채의 실크는 종교적 신비로움을 표현하는 데 효과적이었다.

현대 패션에서는 엄숙하고 금욕적인 중세 이미지를 중후한 실루엣에 종교적 색채가 강한 컬러를 고급스러운 소재와 함께 십자가 목걸이와 같은 비잔틴 시대의 장신구를 화려하게 사용하는 반대법 발상으로 섹시함을 강조하는 등 시대적 감성에 따라 고급스러우며 엄숙한 성직자 의복을 색다르게 의외의 감성으로 표현하기도 한다. 또 동·서양 및 시대적 감성의 혼합을 표현하며 신비롭고 고혹적인 이미지를 독특하게 재해석하여 나타내기도 한다.

그림 3-13 중세 비잔틴 양식에 의한 디자인

그림 3-10
비잔틴 시대의 팔루다멘튬(Paludamentum)

그림 3-11
황제 Justinianus와 시종들(547년)

© Michal Szymanski / Shutterstock.com

그림 3-12
중세의 스테인드글라스
(Stained glass)

© BasPhoto / Shutterstock.com

© catwalker / Shutterstock.com

근세 양식에 의한 디자인 발상

르네상스 양식에 의한 발상

르네상스(Renaissance)는 중세의 종교와 봉건 제도에서 벗어나 인간 중심으로 관심이 옮겨 가는 시기이다. 이와 같은 경향은 의복에도 반영되어 인위적으로 과장하고 크기와 넓이를 크게 확대하였다.

르네상스 시대 여성복의 형태적 특성을 만들어주는데 사용된 종형(bell)과 바퀴형(wheel)

파팅게일(farthingale)의 스커트 버팀대와 금속으로 만든 코르피케는 중요한 역할을 하는 구조물로 사용되는데, 여성복의 상체는 코르피케로 꼭 조여서 허리를 가늘게 강조하고, 하체는 버팀대를 이용하여 스커트를 과도하게 부풀려 서로 대조적인 실루엣을 나타냈다.

당시의 코르피케는 안감과 겉감 사이에 고래수염과 헝겊을 넣어 단단하게 누벼 동체를 가늘게 하는 데 주로 사용되었다. 르네상스 양식은 스커트 버팀대, 코르피케 등의 구조물을 이용하여 인체의 형태미를 인위적으로 강조한 디자인 발상에 효과적으로 활용할 수 있다.

그림 3-14 르네상스 시대 남녀 복식

그림 3-15 르네상스 양식의 디자인

따라서 스커트 버팀대를 사용하여 르네상스 양식의 형태미를 살린 드레스, 꽉 조여 강조한 가는 허리와 레그 오브 머튼 소매(leg-of mutton sleeve)의 극적으로 과장된 형태미, 독특한 장식 칼라인 러프, 풍성하게 과장된 머리 장식, 고급스러운 소재 등에 적절히 변화를 주어 사용함으로써 르네상스 이미지를 효과적으로 표현할 수 있다.

바로크 양식에 의한 발상

17세기 바로크(baroque) 양식은 이전 균형을 강조했던 르네상스 시대에 비해 전체적인 조화를 고려하지 않은 부조화적인 문화의 특징을 지닌다. 복식에 있어서도 과도한 장식의 사용으로 호화롭고 화려하지만 전체적으로 부조화의 권위적 이미지가 특징적이다. 바로크 문양이나 디테일 장식의 과도한 사용, 고급스럽고 화려한 골드나 실버 컬러의 당당하고 품위 있는 표현, 권위적인 남성복 이미지를 화려한 색감과 과도한 장식으로 고급스럽게 표현 하는 방법 등을 통하여 바로크 이미지를 효과적으로 표현 할 수 있다.

이처럼 바로크 양식은 과도한 장식적 요소의 사용으로 호화스러움, 화려함이 있는 권위적 이미지의 디자인 발상에 효과적으로 활용할 수 있다.

그림 3-18 바로크 양식에 의한 디자인

그림 3-16 프랑스 루이 14세

그림 3-17 바로크 시대 왕실 여성과 남녀 복식

© FashionStock.com / Shutterstock.com

© FashionStock.com / Shutterstock.com

© andersphoto / Shutterstock.com

© FashionStock.com / Shutterstock.com

© FashionStock.com / Shutterstock.com

로코코 양식에 의한 발상

18세기 로코코(rococo) 양식은 루이 14세의 사후부터 프랑스 혁명까지 프랑스를 중심으로 나타난 유럽 미술 양식으로, 자유로운 형식의 리듬감과 밝고 화려한 귀족적 취향의 특징을 지닌다. 이 시기엔 바로크의 양식이 한층 세련되게 변화되어 섬세하고 장식적인 여성적 취향의 의복이 두드러진다. 타이트하게 살린 바디스, 섬세하고 화려한 소재와 디테일 장식들, 감성적이고 부드럽고 러블리한 컬러, 몽환적인 헤어 장식들이 어우러져 화려하고 고급스러운 이미지를 표현하기도 하고, 반대로 퇴폐적이며 향락적인 로코코 시대의 방종한 생활과 에로티시즘을 노출과 함께 사치스럽고 극단적인 아름다움으로 표현하기도 한다.

이처럼 로코코 양식은 리드미컬한 곡선의 미로 장식적이며 여성적인 이미지의 디자인 발상에 다양성을 표현하는 데 효과적으로 이용된다.

그림 3-19 로브 아 라 프랑세즈(robe à la Française)를 입은 마담 퐁파두르

그림 3-20 로코코 양식에 의한 디자인

근대 양식에 의한 디자인 발상

엠파이어 양식에 의한 발상

19세기는 근대 사회의 발생과 발전의 시기이며 시민적인 복식 문화가 자리 잡아가는 초기의 단계로 새로운 형태의 의복이 나타나게 된다. 엠파이어 양식은 이전 시대에 나타났던 과도한 장식이 줄어들고 단순미, 자연미를 추구하였다.

여성복은 신인본주의를 추구하며 그리스의 자연스러운 아름다움을 계승하고 있는 시대적 정신에 걸맞게 자연스러운 신체의 선을 살린 실루엣에 소박한 소재와 화려하지 않은 컬러로 간소하고 자연스러운 하이 웨이스트의 단순한 로브 형태로써, 순수하고 우아한 이미지뿐 아니라 때로는 청순하고 귀여운 이미지와 귀족적이고 고급스러운 이미지의 디자인 발상에도 효과적으로 이용할 수 있다. 반대로 성숙한 여성의 아름다움을 현대적인 팜므파탈의 이미지로 재해석한 디자인으로 발상의 전환을 주기도 한다.

엠파이어 시대 군복은 깔끔하고 고급스러운 귀족군과 수수하고 그런지한 서민군의 대조적인 감성이 화려하고 권위적인 이미지와 무심한 듯 거친 스트리트 이미지를 개성있게 표현하며 각각의 매력을 감각적으로 나타내며 남녀복 모두에 많이 활용될 수 있다.

그림 3-21 노트르담 성당에서 나폴레옹으로부터 왕관을 수여받는 조제핀

그림 3-23 슈미즈 가운을 입은 여인

그림 3-22
성장 차림을 한 나폴레옹[상의: 프락 아비에 (frac habillé), 짧은 조끼: 베스트(veste), 꼭 끼는 바지: 퀴로트(culotte)]

그림 3-24 엠파이어 양식에 의한 디자인

크리놀린 양식에 의한 발상

19세기 중반은 다시 부르주아의 사치스러운 생활이 부활되어 구귀족의 화려한 의복 양식을 모방하려는 양상이 나타난 시기이다. 크리놀린(crinoline)이라는 버팀대로 스커트를 부풀렸으며, 이는 당시 호화로운 여성들의 의식이 그대로 반영된 것이다.

극도로 확장된 스커트 형태와 함께 다양한 소재와 소품으로 연출되어 아방가르드한 이미지를 흥미롭게 표현하는 실험적인 디자인으로 전개되며 디자이너의 창의성을 표현하는 특별한 시대적 디자인 특성이 되기도 한다.

이처럼 크리놀린 양식은 스커트의 형태를 극한까지 과장하여 볼륨감을 살린 드레스 디자인 발상에 효과적이다.

그림 3-25 크리놀린 시대 여성복

그림 3-26 크리놀린 양식에 의한 디자인

버슬 양식에 의한 발상

19세기 말은 자본주의와 더불어 생활이 간소하고 실용적인 방향으로 움직인 나폴레옹 3세의 시대이다. 이 시기에 나타난 버슬(bustle) 양식은 스커트의 뒷부분에 버팀대를 대어 힙 부분을 강조한 스타일이다. 고풍스럽고 우아한 버슬 양식은 힙 부분을 강조하여 인체의 측면을 독특한 실루엣으로 보이게 하는 디자인에 많이 활용된다.

시대적 감성이 많이 담긴 독특한 디자인 양식으로 현대 패션의 일상복 디자인에서는 자주 접하기 어려운 개성 있는 실루엣이지만, 웨딩드레스 디자인에서는 매력 있는 디자인으로 다양하게 전개되어 계속 사랑받고 있다.

그림 3-30   크리놀린 양식에 의한 디자인

그림 3-27
버슬 스타일의 드레스(1886)

그림 3-28   버슬 시대 남녀 복식

그림 3-29   버슬 시대 여성복과 여자 어린이 옷

역사성에 의한 디자인 발상의 예

패션 트렌드에 나타난 역사성에 의한 디자인 발상

이 트렌드에 의한 디자인 발상의 콘셉트, 패브릭, 패턴 내용은 패션넷코리아(FashionNETKorea) 홈페이지에 게재된 2016 S/S Trend의 트렌드 자료를 인용하였다(자료: (재)한국패션유통정보연구원, 패션넷코리아).

1) 테마 : 'RELICS'

그림 3-31 테마 이미지

Finding Creative Solutions

- 일상의 평범한 사물들을 고대 유물과 같이 만들고자 하는 새로운 움직임
- 현대 문명의 토대를 마련한 미적 원형, 텔코타, 가죽, 세라믹 등 소재 자체에서 느껴지는 미(aesthetics)가 중시
- 고대의 사물에서부터 액세서리 소품, 만찬 혹은 관습에 이르기까지 사소한 것들(trivial things)로부터의 영감

Style

- 고대의 문화 흔적과 웅장함으로부터 영감
- 세기를 초월한 고대의 카프타(kapta)와 전통적인 튜닉(tunica)에서 영감을 받은 아이템들이 중요
- 고대 그리스의 스타일과 현대적인 소재의 만남
- 모던하게 재해석된 역사적인 쿠튀르(couture)의 부활
- 소박함 속의 고급스러움

Color

- 고대 유물에서부터 온 컬러 팔레트를 제안
- 고대의 염료와 테라코타(terracotta) 컬러들
- 페일 화이트(pale white)와 더스티하고 산화된 컬러가 고대 일상 소재들을 새로운 미(new aesthetics)로 표현
- 고급스러운 빈티지의 부활을 알리는 내추럴한 골드 빛의 옐로(yellow)

2) Style 전개

① Rustica(러스틱한)

- 수수한 미학을 표현
- 내추럴하고 다소 거친 듯한 텍스처의 소재를 활용
- 세심한 마무리와 숙고한 디테일
- '슬로우 웨어(Slowwear)'의 고급스러운 스타일
- 여유 있고 편안한 핏
- 기모노와 유도복의 디테일

- 드레이프지고 편안한 여유 있는 핏
- 다양한 벨트로 허리를 감싸는 스타일 제안
- 매우 절충적이고 잘 차려 입은 유목민의 옷
- 편안한 카프탄
- 맥시 기장의 롱 스커트 또는 와이드 팬츠
- 러스틱한 루푸 벨트의 재킷
- 자연스러운 폴딩(folding)과 드레이프의 드레스
- 수수한 미학을 전하는 내추럴한 화이트와 아이보리
- 바랜 듯한 버디그리(Verdigris)와 고급스러운 차콜(Charcoal) 활용

② Easy Dress-up(편안한 드레스업)

- 이번 시즌의 드레스업 스타일은 실용적인 스타일
- 여유 있는 핏의 테일러드 아웃핏
- 그리스의 여신처럼 우아하고, 길게 늘어진 실루엣
- 셀린느(Celin)의 컬렉션 아웃핏들

- 발목까지 오는 짧아진 기장의 와이드한 팬츠
- 착용자의 자유로움과 움직임을 위해 더욱 와이드해진 실루엣의 팬츠
- 여유 있는 페이퍼백 스타일의 팬츠
- 비대칭적인 컷아웃과 매듭 디테일의 튜닉
- 바닥까지 끌리는 긴 기장의 드레스
- 매듭과 드레이프 디테일로의 페미닌한 라인 강조
- 블랙, 차콜, 텐, 네이비의 클래식한 컬러의 조합
- 고급스럽고 깊은 느낌의 퍼퓨린(Purpurin) 활용

③ Modern Warrior(현대의 여전사)

- 고대의 전투사(Gladiator)에서 영감을 받은 룩
- 헬레닉 스타일의 드레이프와 루즈한 실루엣의 드레스
- 전투복 디테일과 가죽 벨트, 부츠 등을 매치
- 실키한 소재와 드레이프된 디테일로 여성미를 강조
- 반데버스트(A. F. Vandevorst)의 컬렉션에서 영감

- 더욱 페미닌해진 밀리터리 스타일
- 실키한 소재와 허리라인을 강조한 가죽벨트
- 타이트한 레이스업 부츠로 섹시함을 강조
- 밀리터리 셔츠 드레스
- 실키한 드레이프 드레스
- 카키, 그레이 컬러를 기본으로 활용
- 블랙과 Pottery로 강력하고 섹시한 매력을 더함

④ Reworked Lady(재작업된 레이디룩)

- 고대 그리스 유물의 흔적과 18세기 패션의 디테일
- 모던한 레이디 라이크룩을 제안
- 기하학적을 변형된 그리스 도기에서 본뜬 모티프를 활용한 모던 디자인의 텍스처
- 고급스러운 자카드와 브로케이드 소재
- Prada, Dior, Aganovich의 컬렉션

- 비대칭의 드레이프와 러플로 볼륨감 있게 제안된 1950년대 'Fit & Flare' 실루엣
- 섬세한 자카드 패브릭을 활용
- 하이네크의 쉬프트 드레스는 마무리가 덜된 듯한 불완전한 디테일로 앤틱한 매력을 표현
- 모던한 블랙과 바랜 듯한 더스티한 느낌의 아이보리
- 앤틱한 골드 톤의 옐로를 액센트로 활용

⑤ Optic Hellenic(시각적인 헬레닉)

- 과거에 대해 심플하게 바라보는 시각
- 고대 로마로부터 영감을 받던 그래픽이 기하학적인 모던 팝아트와 만나 새롭게 재탄생
- 글래디에이터(Gladiator) 룩은 모던한 패턴과 쉐입을 만나서 더욱 젊고 급진적인 여성스타일로 표현

- 걸리시한 헬레닉 스타일에 하드엣지가 더해진 스타일
- 골드 메틸 디테일이 더해진 모던한 글래디에이터 룩
- 모던하게 변형된 기하학적인 패턴들을 스타일에 부분적으로 활용한 모던룩을 제안
- 블랙 또는 네이비와 화이트의 조합 패턴
- 금박을 입힌 듯한 바랜 골드 Dachshund와 Verdigris가 액센트 컬러

⑥ Color Combination

⑦ Bag & Shoes

Simple Tote

Vintage Lady-bag

Rustic Big-tote

Natural Clutch

Small Shoulder Bag

New Bucket

Hardware Clutch

Hardware Clutch

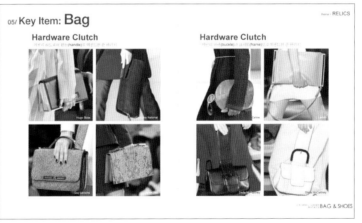

Wrapped Strap Sandal

Lace-up Sandal

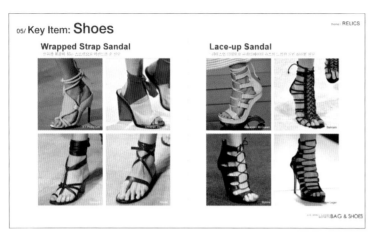

High-top Gladiator

Gladiator Boots

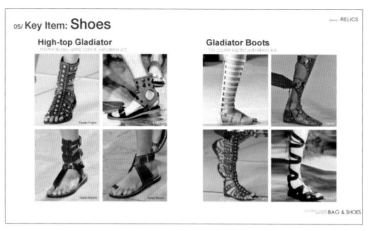

BAG & SHOES

Japanese Clog

Wooden Heel

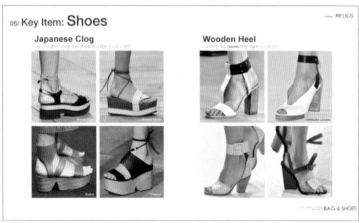

Heeled Slide

Flat Sandal

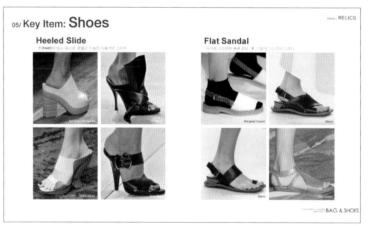

BAG & SHOES

Modern Pumps

Open-toe Booties

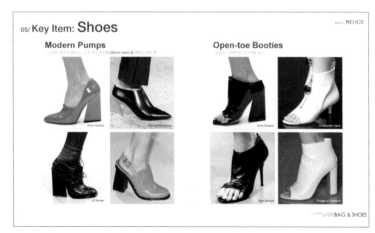

Natural Weaving

Vintage Platform Heel

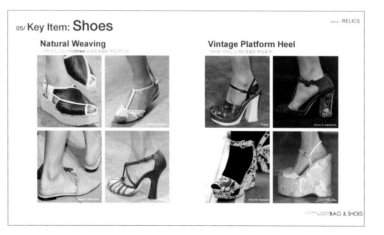

BAG & SHOES

역사성에 의한 디자인 발상 연습

1) 디자인 발상 워밍업(Warming up the Design Inspiration)

2) 테마(Theme) : 'Darkness and Light'

THEME : Darkness and Light

Theme Story		중세 후기의 기독교 이데올로기와 장식성을 극도로 강조한 고딕 시대를 떠올려보았다. 고딕양식의 성당의 하늘을 향해 높이 솟은 첨탑들의 수직적 조형에서 장엄함을 느낄 수 있고, 성당의 내부도 뾰족하고 높은 모양의 궁륭을 형성하며 엄숙한 분위기를 자아낸다. 이 가운데 스테인드글라스를 통해 색색의 화려한 빛들이 찬란하고 경건하게 내려 비춘다. 이러한 수직적, 예각적 조형미를 심플하고 모던한 실루엣으로 나타낸다. 심플한 가운데 고딕의 조형미를 살리고 스테인드글라스를 디자인 포인트로 살린다.
Image positioning		dark & modern
Design concept	Form	기존의 고딕시대 실루엣과는 다르게 스트레이트 실루엣으로 모던함을 더해 절제된 관능미를 표현한다.
	Color	무채색(black & white), 스테인드글라스에 사용되는 원색들
	Fabric	새틴, 모직, 홀로그램
	Detail	스톤비즈 장식
	Coordination	수직성, 예각성을 강조한 슈즈와 헤어 장식

3) 테마 이미지 맵(Theme Image Map)

4) 컬러 & 소재 맵(Color & Fabric Map)

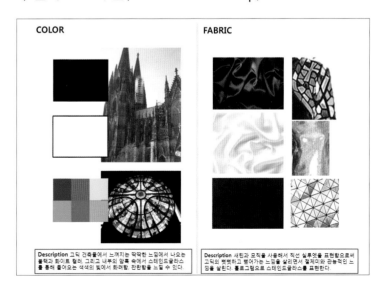

5) 스타일 맵(Style Map)

STYLE

New York Fashion Week
Spring 2009 RTW: Givenchy

Paris Fashion Week Fall
2008 RTW: Chanel

New York Fashion Week
Fall 2010 RTW: Jeremy
Scott

Description 블랙 컬러의 직선적 실루엣이 고딕 시대의 금욕성을, 수직성과 예각성을 띠는 고딕 건축의 딱딱한 느낌을 보여주면서도 다양한 홀로그램과 스톤비즈를 사용함으로써 고딕 건축 이면에 지닌 화려함과 세속성 또한 나타낸다. 네크라인이 고딕 복식의 네크라인과 비슷하지만 반면 그 밑으로는 직선 형태로 모던함 절제미를 더해 더욱 현대적인 느낌이다.

STYLE

Description 뾰족한 앞 코의 구두와 헤어 장식이 고딕의 하늘에 닿고자 염원하는 마음으로 지어낸 첨탑을 연상시키며, 강하고 절제된 느낌 그러면서도 화려한 느낌을 낸다. 그리고 스모키 메이크업으로 음산하면서 관능적인 이미지를 더욱 강조해준다.

6) 디자인 전개(Design Development)

DESIGN SKETCH(A, A', A'', A''', A'''')   3주

Description

Critic

DESIGN SHEET   3주

ILLUSTRATION   Flat(F,B)

Color   Fabric   Coordination

black
white
red, blue, yellow
orange, green

자료: 이소민 학생 작품

의복은 특정 집단이나 사회 구성원의 생활상을 직접 반영하여 그 사회 문화를 이해할 수 있게 해주고, 서로 다른 문화권과의 구별을 가능하게 해 주는 문화적 통합체로서의 기능을 가진다. 특히 민속복은 같은 역사와 문화적 배경을 지닌 사회 구성원들에 의해 집단의 독자성을 나타내기 위해 착용되며 민족 특유의 관습, 형태, 색상, 소재, 장신구 등을 통하여 표현한다.

20세기 후반에는 다른 민족에 대한 관심으로 패션에서 민속풍의 디자인이 많이 발표되었다. 이러한 민속풍의 의복은 서구 문화권에서 바라본 다른 민족의 민속성에 근원을 두어 표현한 것으로, 민족 고유의 정서를 담고 있고 독특한 미적 요소들로 구성되어 현대 패션에서 중요한 테마가 되고 있다.

이 장에서는 민속성에 근원을 둔 현대 패션을 에스닉, 오리엔탈, 포클로어, 트로피컬 등의 네 가지 이미지로 분류하여 그 특성을 알아보고자 한다.

에스닉 이미지에 의한 디자인 발상

에스닉(ethnic)은 토속적 느낌이 강하며 아시아, 아프리카, 중근동(中近東) 등의 기독교 문화권 이외의 민속복에서 얻은 이미지이다. 특히 종교적 의미가 가미된 토속적이며 소박한 느낌을 주는 패션으로서의 에스닉은 유럽을 제외한 민족 고유의 문화에서 영감을 얻어 표현한 것이다.

에스닉 디자인의 대표적인 예로는 중근동의 종교 의상, 잉카 문명의 기하학적 문양, 인도네시아의 바틱, 아라비아의 민속 의상 등이 있다.

지역의 독특한 민속복 아이템과 장신구를 착용하거나, 무늬와 민속 문양과 색채가 전통적인 방식으로 표현되며 편안하게 레이어드 연출되는 경우 에스닉한 감각이 잘 표현될 수 있다. 또 현대적인 아이템과 믹스 앤 매치되는 연출을 통하여 퓨전된 개성있는 이국적 이미지를 표현하는 데 효과적으로 활용되고 있다.

이국적인 이미지의 에스닉은 '유목민, 정처 없이 떠돌아다니는 사람'이라는 의미의 그리스어인 노마드(no-mad)라는 용어로 현대 패션에 자주 등장하는데, 일정한 틀에 얽매이지 않는 자유로운 개성을 통하여 새로운 가치를 창출하며 끊임없이 자기를 변화시키고 계발해 가는 가운데 이국적인 특성을 보여주는 현대적 에스닉을 일컫는다.

그림 4-1 에스닉 이미지에 의한 디자인

유목민의 스타일에서 시작된 에스닉은 과학 기술의 발달로 인간이 다양한 곳을 자유롭게 이동하며 새롭고 낯선 문화를 수용하게 되면서 패션에 나타난 포스트모더니즘의 한 형태라고 할 수 있다. 노마드의 성향은 소유, 휴대, 정보전달의 속도, 자유의 개념과 추구성 변화와 같은 21세기 디지털 기술이 보유한 특성을 가지며 코쿤족, 잡 노마드(Job nomad), 노블레스 노마드, 인적 노마드, 유비 노마드와 같이 다양하게 세분화되고 변화하며 의-식-주생활 모든 측면에 새로운 변화를 나타내고 있다.

특히 패션에서 노마드는 판초와 같은 특정 아이템을 이용한 에스닉 이미지를 표현하는 방법과 함께 웨어러블 컴퓨터나 스마트 웨어 등의 개발과 제품의 소형화와 쉽게 이동할 수 있는 이지 포터블(easy portable), 언제 어디서든 인터넷과 접속 가능하여 정보를 수용하고 전파할 수 있는 속도감이 접목됨으로써 기존의 상식적인 틀로부터의 자유로움을 표현한 노마드의 특성을 반영하는 창의적인 패션을 추가한다. 예를 들면, 휴대의 간편성과 이동을 용이하게 하는 용도로 의복의 구성을 변경해 수납공간을 늘임으로써 의복의 개념과 여행가방의 개념이 결합된 다기능 역할을 수행하는 역할 개념이 확대된 의복을 들 수 있다.

© FashionStock.com / Shutterstock.com

© FashionStock.com / Shutterstock.com

© FashionStock.com / Shutterstock.com

오리엔탈 이미지에 의한 디자인 발상

오리엔트의 어원은 라틴어의 '오리엔스(orience)'로 일출, 해가 뜨는 방향을 나타내며 지중해 동쪽의 여러 나라를 의미한다. 패션에 나타난 동양적인 모티프는 고대 로마 시대부터 유래를 찾아볼 수 있으며 한국, 중국, 일본, 몽골, 동남아시아 등의 신비롭고 독특한 분위기를 특징으로 한다.

의복에 오리엔탈리즘이 반영된 것은 20세기 이전부터 나타나기 시작했고 17세기 후반부터 18세기에는 중국을 포함한 극동풍의 문양이나 풍물이 직물, 의복 등에 많이 나타나기도 하였다. 1980년대 중반 이후 우리나라의 디자이너들은 한국의 전통을 주제로 한 디자인과 현대적 감각을 개성있게 표현하며 한국적 미와 독특한 개성을 세계 무대에서 펼치며 활동하고 있다.

한복, 치파오, 기모노, 아오자이 등 각국의 고유 복식에서 나타나는 요소를 직접적 또는 부분적으로 차용·변화·응용하거나, 평면재단이 가지는 형태적 조형미의 변화, 삼베나 실크 또는 종이나 도자기와 같은 동양적 재료를 사용한 소재의 차별화, 조형성이 주는 독특한

그림 4-2 오리엔탈 이미지에 의한 디자인

형태미, 강렬한 색상대비나 먹색이 주는 변화있는 무채색의 정적인 우아함과 진중한 무게감의 전통적인 이미지를 현대적 이미지로 재해석하고 다양하게 연출함으로써 차별화된 매력을 전달할 수 있다.

© FashionStock.com / Shutterstock.com

© FashionStock.com / Shutterstock.com

© Jordan Tan / Shutterstock.com

© Belle Bunag / Shutterstock.com

© Ovidiu Hrubaru / Shutterstock.com

포클로어 이미지에 의한 디자인 발상

포클로어(folklore)는 토착적 요소가 강하며 소박하고 전원적인 이미지의 민속 의상을 일컫는다. 에스닉이 비기독교 문화권의 민속 의상이라면, 포클로어는 유럽 지방을 대표하는 기독교권의 민속 의상을 말한다.

집시풍의 드레스와 레이어드 연출, 자수 장식과 새시벨트, 페전트 블라우스의 풍성함을 활용하여 이국적인 포클로어 이미지를 현대적으로 재해석하여 여성적인 이미지를 부드럽게 또는 강렬하게 효과적으로 표현할 수 있다. 의외의 아이템과 함께 연출하여 편안한 포클로어 이미지를 색다른 강인함으로 표현하기도 한다.

그림 4-3 포클로어 이미지에 의한 디자인

© taniavolobueva / Shutterstock.com

© FashionStock.com / Shutterstock.com

© Ovidiu Hrubaru / Shutterstock.com

트로피컬 이미지에 의한 디자인 발상

트로피컬(tropical)은 열대 지방의 민속 의상을 이미지의 근원으로 삼은 디자인을 말한다. 하와이, 타히티 등의 남태평양, 카리브해 제도, 인도네시아, 아프리카 등 광범위한 지역이 포함되며 열대 지방의 강렬한 색채와 식물을 이용한 디자인이 많다.

트로피컬 이미지는 색상이나 패턴에서 대담하고 강렬한 조화를 이룬 디자인이 많으며 특히 리조트 웨어에 많이 활용된다.

화려한 색상과 대담한 색상대비, 과감한 크기의 꽃무늬나 자연 문양이 화려하게 열정적인 이미지를 잘 표현하는 대신, 형태와 디테일은 주로 심플하고 깔끔하게 사용되어 열정적인 이미지를 과감하게 표현함으로써 무더운 열대의 낭만과 여유로움을 스타일리시하게 표현한다.

그림 4-4 트로피컬 이미지에 의한 디자인

© Ovidiu Hrubaru / Shutterstock.com

© FashionStock.com / Shutterstock.com

© catwalker / Shutterstock.com

민속성에 의한 디자인 발상의 예

패션 트렌드에 나타난 민속성에 의한 디자인 발상

이 트렌드에 의한 디자인 발상의 콘셉트, 패브릭, 패턴 내용은 패션넷코리아(FashionNETKorea) 홈페이지에 게재된 2016 S/S Trend의 트렌드 자료를 인용하였다(자료: (재)한국패션유통정보연구원, 패션넷코리아).

1) 테마 : 'CELEBRATION'

그림 4-5 테마 이미지

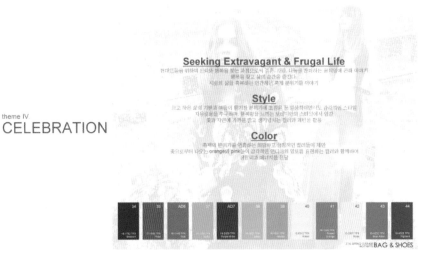

Seeking Extravagant & Frugal Life

• 현대인들을 위하여 신뢰와 행복을 찾는 과정으로써 결혼, 사랑, 나눔을 찬미하는 움직임에 관해 이야기

• 행복을 찾고 삶의 순간을 즐긴다.

• 서로의 삶을 축복하는 인간적인 축제 분위기를 이야기

Style

• 크고 작은 삶의 기쁨과 여름의 활기찬 분위기에 초점을 둔 일상적이면서도 감각적인 스타일

• 자유로움을 추구하며, 행복함을 느끼는 보헤미안의 스타일에서 영감

• 꽃과 자연에 가까운 밝고 생기넘치는 컬러와 패턴을 활용

Color

• 축제의 분위기를 연출하는 희망차고 긍정적인 컬러들을 제안

• 꽃으로부터 나오는 orange와 pink들이 감각적인 인디아의 염료를 표현하는 컬러와 함께하여 생명력과 에너지를 전달

2) Style 전개

① Oriental Bloom(동양적인 꽃)

• 그래피컬한 기법으로 변형된 동양적인 감성의 플라워 패턴

• 고급스러운 리조트룩을 위한 스타일로 제안

• 전통적인 수공예 터치를 더한 collage기법 응용

- 보헤미안룩의 아이템들이 트렌드로 제안
- 카프탄(caftan) 스타일의 드레스
- 기모노 형식을 빌린 원피스 드레스와 벨보텀 실루엣의 점퍼슈트
- 화려한 플라워 패턴을 활용한 리조트룩
- 만발한 꽃을 위한 Blossom, Petal, Russet 컬러
- 오리엔탈 무드의 Lotus와 Pigment 활용

② Haute Hippie(고급의 히피)

- 러프한 프린지와 텍스처로 70년대 히피의 감성 표현
- 장식적인 소재로 핸드크라프트의 고급스러움을 살린 히피(hippie) 스타일
- 카프탄과 블라우스에 수놓인 에스닉한 수공예 자수
- 러프한 트위드도 수공예적인 느낌으로 표현

- 스커트와 팬츠 슈트, 카프탄 드레스가 키아이템
- 프린지(fringe) 디테일과 에스닉한 컬러가 믹스된 핸드크라프트 소재
- 클래식한 트위드 슈트도 러프한 텍스처와 프린지 디테일로 좀더 자유분방하게
  표현
- Lotus와 Pollen, Nectar의 고요한 컬러 활용
- Petal, 옐로 Sulfur 컬러로 에스닉 무드 표현

③ Bohemian Dream(보헤미안의 꿈)

- 자유로움을 추구하며, 자연으로 돌아가고자 하는 70년대 히피의 감성이 로맨틱하게 제안
- 플로럴 패턴의 시폰, 반투명한 오간자, 로맨틱한 Broderie Anglais(영국자수), 오픈워크 레이스 등 로맨틱한 소재를 활용
- 빈티지한 가죽과 스웨이드 레이어링

- 로맨틱한 Pageant드레스와 블라우스가 키아이템
- 투명한 레이스 소재가 믹스된 보헤미안풍의 맥시 드레스
- 볼륨감 있는 소매의 Pageant 블라우스
- Paul & Joe의 모던한 히피 패턴
- Rose, 로맨틱한 핑크, 내추럴한 베이지 활용
- Sulfur와 Pigment를 액센트로 활용

④ Retro Chic(시크한 복고풍)

- 70년대 복고풍의 시크한 테일러드 스타일
- 포멀한 느낌보다는 캐주얼한 요소를 접목한 편안한 스타일
- 빈티지한 데님과 스웨이드 활용
- 모던한 Openwork 텍스처의 블라우스와 드레스

- Louis Vuitton, Gucci, Emilio Pucci 등 하이랜드 마켓에서 70년대의 복고풍을 시크하게 제안
- 빈티지한 소재를 시크한 테일러드 스타일로 제안
- 스카프를 액센트로 활용한 복고풍 스타일
- 카멜과 Pigment 빈티지한 소재 표현
- 데님을 표현하는 블루가 활용

⑤ 70's Festival(1970년대의 축제)

- 70년대 속의 캐주얼룩을 표현한 페스티벌룩
- 장식적인 빈티지 데님 & 스웨이드
- 화려한 페이즐리, 플로럴 등의 에스닉 패턴
- 개성을 드러내는 과장된 레이어

- 70년대의 DIY정신을 표현하는 패치워크
- 핸드크라프트 테크닉의 에스닉한 장식 패턴
- 빈티지한 벨보텀 팬츠와 Boy-fit 데님팬츠
- 골드 브레이드와 스터드 장식의 크롭 재킷
- 에스닉한 패턴의 미니 엠파이어 드레스
- 장식적인 소재의 베스트
- 데님의 블루와 내추럴한 베이지를 활용
- Petal, Purple, Pollen 컬러로 에스닉한 감성 표현

⑥ Color Combination

⑦ Bag & Shoes

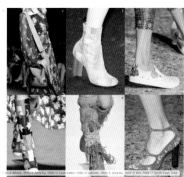

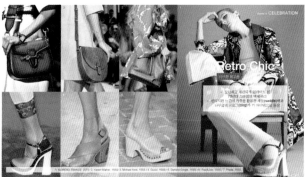

Retro Saddle Bag

Mini Saddle Bag

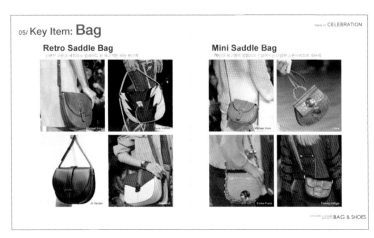

Bucket Bag

Square Shoulder-bag

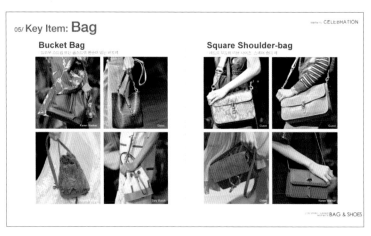

Bohemian Fringe Bag

Natural-fiber Bag

Gladiator Sandal

Wrapped Straps Sandal

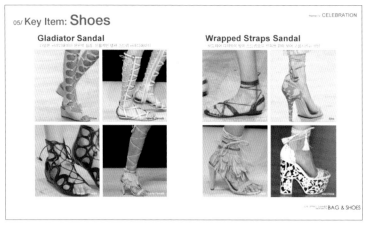

Platform Slides

Wooden-heel Clog

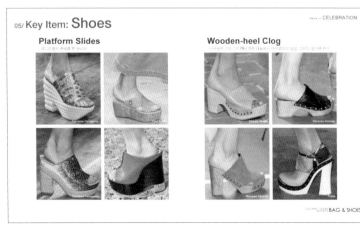

Buckled Sandal

Retro Pumps

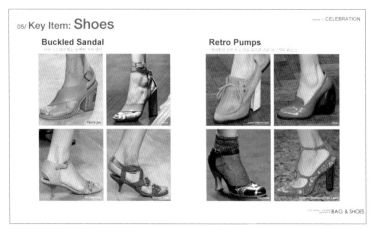

Cut-out Lace Sandal

Ethnic Patterned Sandal

Romantic 3D Flower

Flower Graphic

High-ankle Boots

Vintage Western Boots

민속성에 의한 디자인 발상 연습

1) 디자인 발상 워밍업(Warming up the Design Inspiration)

2) 테마(Theme) : 'Lively Africa'

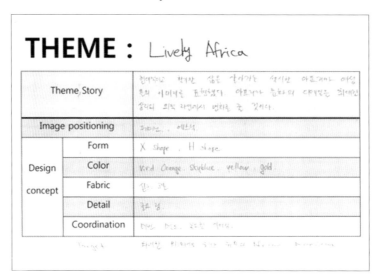

3) 테마 이미지 맵(Theme Image Map)

4) 컬러 & 소재 맵(Color & Fabric Map)

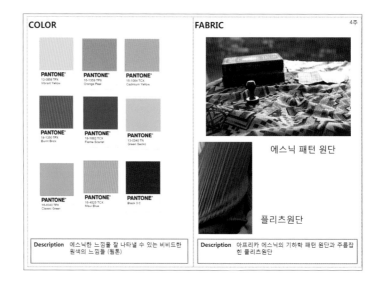

5) 스타일 맵(Style Map)

6) 디자인 전개(Design Development)

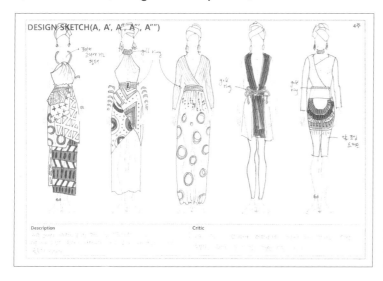

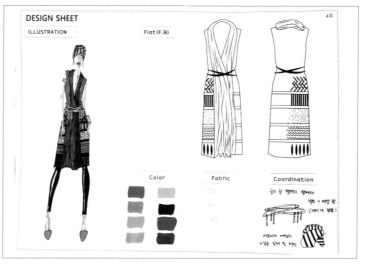

자료: 김소연 학생 작품

CHAPTER 5

인공 조형에 의한 디자인 발상

조형의 세계는 구체적이고 정확하게 자연을 재현, 묘사하던 것에서 단순하고 간결한 형태로 자연을 재해석하거나 인간의 상상력에 의해 자연에 존재하지 않는 인공적인 형태에 이르기까지 다양하게 창출되고 있다. 여러 가지 재료를 사용하여 공간적인 형태를 만드는 조형의 특성은 패션에 있어서도 다양한 디자인 아이디어를 제공한다.

여기서는 생활에서 흔히 볼 수 있는 건축, 생활용품, 재활용품 등 인공 조형물이 디자인 발상에 적용된 다양한 패션을 살펴보고자 한다.

건축물에 의한 디자인 발상

패션은 인체라는 3차원의 조형 위에 이를 축소하거나 확대, 은폐 또는 노출을 통해 새로운 공간이나 형태를 만들어낸다. 건축 또한 안전성과 실용성을 바탕으로 한 3차원의 구조물로 인간을 중심으로 한 공간에 대한 조형적 창조물이라는 공통점을 가지고 있다. 역사적으로 고대 이집트 시대의 삼각형 에이프런은 피라미드의 형태에서, 그리스 시대의 대표 의복인 도릭 키톤과 이오닉 키톤도 그 당시의 도리아식과 이오니아식 건축 양식에서 영향을 받았다.

다다이즘, 큐비즘, 아르데코 등 20세기 초반에 탄생한 예술 양식은 전근대적인 양식을 근대적인 양식으로 변화시킨 원동력이 되었다. 큐비즘은 자연을 예술의 근거로 삼아 형태·질감·색채·공간이라는 대상을 철저히 분해하여 여러 측면을 동시에 묘사함으로써 사실성에 대한 새로운 시각을 제시하였다. 이는 20세기 조각과 건축뿐만 아니라 패션에도 영향을 미쳤다. 인체의 실루엣과 무관한 3차원의 조형물을 활용하여 의복의 형태를 과장하거나 규칙

그림 5-1 건축물에 의한 디자인 Ⅰ

또는 불규칙의 중첩으로 패션 자체의 형태를 입체화하는 하나의 조형물로 표현하였다.
건축물은 의복의 형태뿐만 아니라 기하학적인 형태를 해체하거나 재구성하는 방법으로 구두, 가방, 모자 등의 액세서리에 적용되기도 하며 소재에 대한 한계도 극복하게끔 영향을 미치고 있다. 건축은 인체라는 3차원의 조형 위에 또 다시 3차원의 조형미를 구축하는 데 창의적인 영감을 주는 좋은 근원이 된다.

그림 5-2 건축물에 의한 디자인 Ⅱ

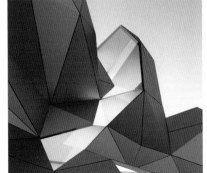

© Jade ThaiCatwalk / Shutterstock.com

© Jade ThaiCatwalk / Shutterstock.com

그림 5–3 건축물에 의한 디자인 Ⅲ

생활용품에 의한 디자인 발상

우리 주변에 있는 생활용품에서 아이디어를 가져온다는 것은 친근하면서도 한편으로는 뜻밖의 의외성을 가져다준다. 일상생활에서 발생하는 폐품이나 쓰레기, 잡동사니 등을 활용한 예술 작품을 뜻하는 정크 아트(Junk Art)는 패션에서 비닐, 플라스틱, 셀로판, 알루미늄, 일상용품 등 갖가지 재료들을 이용한 정크 패션으로 나타났다.

대표적인 디자이너로는 장 까스텔바작(Jean-Charles de Castelbajac)이 있는데, 주위에서 흔히 볼 수 있는 생활용구를 콜라주 기법으로 제작한 작품들을 많이 발표하였다. 주변에서 흔히 볼 수 있는 생활 도구를 그대로 가져와 사용하거나 부분적이고 장식적인 요소로 사용함으로써 뜻밖의 기발하고 재미난 효과를 얻을 수 있다.

커튼을 잡아매는 장식 휘장인 타이백으로 인체의 움직임을 극대화시켜 여성스러움을 더욱 부각시킬 수 있다. 알파벳 공부판이나 공사장의 경고 문구가 그대로 의복의 무늬나 장

그림 5-4 생활용품에 의한 디자인 I

식 디테일로 사용되면서 익살스러움을 더할 수 있다. 원뿔 모양의 교통 표지물인 트래픽 콘
(traffic cone)이 모자가 되고, 거실의 카펫이 코트가 되며, 회중시계가 가방이 되는 기발한
발상으로 디자인을 더욱 흥미롭게 만들 수 있다.

그림 5-5 생활용품에 의한 디자인 II

재활용에 의한 디자인 발상

생활용품을 이용한 디자인은 환경 보호, 오염 방지, 건강 지향, 새로움 창조와 같은 의미의 여유롭고 풍요로운 생활을 추구하는 신개념의 로하스(LOHAS : Lifestyles Of Health And Sustainability) 철학을 중심으로 친환경 패션 경향이 트렌드로 이슈화되면서 그 영역이 확장되었다. 여기에는 기존 의류재를 재활용하는 리사이클 패션(recycle fashion)이 대표적이며 나아가 쓸 만한데도 버려지는 물건이나 쓰레기를 더 가치 있는 새로운 물건으로 재탄생시키는 업사이클링(upcycling)으로 좀 더 창의적이고 유용한 방법으로 업그레이드되고 있다.

너무 오래되거나 싫증나 버려지는 의류제품들을 서로 조합하여 다른 느낌의 새로운 옷을 만들거나 낡은 청바지의 일부분으로 가방을 만들 수 있다.

소재는 디자인에 영감을 주는 요소로서 창의성과 독특함을 구현하는 역할을 하며 현대 패션의 새로운 미학을 형성하는데 영향을 준다. 의복의 소재로 사용되지 않는 플라스틱, 비닐, 천막, 시장바구니, 단열 에어캡 등 생활 속에서 그 효용가치를 다한 제품들이 환경오염을 일으키는 소재가 아닌 패션을 통해 친환경적인 의미를 부여하며 새롭게 탄생할 수 있다.

그림 5-6 재활용에 의한 디자인 ㅣ

© Eugenio Marongiu / Shutterstock.com

© Jade ThaiCatwalk / Shutterstock.com

© Jade ThaiCatwalk / Shutterstock.com

© ArtifAtoz2205 / Shutterstock.com

그림 5-7 재활용에 의한 디자인 II

인공 조형에 의한 디자인 발상의 예

패션 트렌드에 나타난 인공 조형에 의한 디자인 발상

이 트렌드에 의한 디자인 발상의 콘셉트, 패브릭, 패턴 내용은 패션넷코리아(FashionNETKorea) 홈페이지에 게재된 2015 S/S Trend의 트렌드 자료를 인용하였다(자료: (재)한국패션유통정보연구원).

1) 테마 : 'PURITY(순수)'

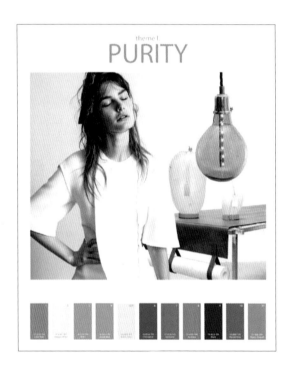

Seek the Essence

- 지구와 인간의 관계에 대한 탐구, 본질에 대한 탐구
- PURITY는 느림과 아날로그적 삶의 방식을 좇는 사람들에 관한 이야기
- 조용한 명상, 금욕적인 엄격함으로 스스로의 가치 매김을 중시함
- 관계의 본질 즉, 의미를 찾기 위해 가장 냉철하고 엄숙한 태도를 취함
- 자연과 인공적인 것 사이의 완벽한 단절이 아닌, 자연스러우면서도 완벽한 공존을 추구
- 단순, 명료함을 기반으로 소재와 형태 역시 극단적으로 단순화되고 세련된 감각으로 표현

Color

- 거울처럼 차가운 느낌의 Blue를 기반으로, 산화된 금속의 Gold 컬러
- 중성적이면서도 고급스럽고 온화한 감각의 Brown과 페미닌한 Pink가 더해져 새로운 감성의 모더니티를 표현
- 톤온톤의 매치나 전체를 하나의 컬러로 통일한 매치

Material

- 컬러가 블렌딩 된 오묘하고 거친 느낌의 소재
- 거친 바스켓 조직의 리넨과 썸머 트위드, 슬러비(slubby)한 코튼 소재로 새로운 럭셔리룩을 제안
- 반투명하거나 투명함과 불투명함이 조합된 가벼운 소재로 퓨처리스틱한 감성을 표현
- 레이저(Laser) 컷 아웃된 레이스와 레더의 테크니컬한 터치의 소재로 섬세한 미니멀룩 표현

Style

- 단순한 실루엣을 기본으로 볼륨감 있는 구조와 다양한 소재, 디테일로 변화
- 미니멀하고 깔끔한 클래식 테일러링으로 편안한 느낌을 제안
- 와이드한 컷과 박시한 실루엣, 손으로 접은 듯한 기하학적인 폴딩 디테일로 구조적인 형태를 표현
- 미니멀하고 단순한 실루엣에 투명한 소재의 레이어링으로 새로운 감성의 퓨처리스틱룩을 제안

Understated Luxury / Architectural Ornaments / Technical Feminine

2) Style 전개

① Understated Luxury : 절제된 럭셔리

Soft Minimal

- 소프트한 라운드 쉐입의 미니멀한 코트와 와이드한 슬리브 셔츠, 내추럴한 리넨 소재의 펜슬 스커트를 매치한 페미닌 미니멀룩
- 라운드 쉐입의 페미닌 코트는 볼륨감을 살린 넉넉한 사이즈로 패스닝(Fastening)을 감추거나 칼라리스(Callarless) 스타일로 디테일을 절제
- 금속의 느낌을 자연스럽게 살린 뱅글(Bangle), 투박한 우드(Wood) 소재의 힐(Heel)과 클러치(Clutch)

Relaxed & Fluid

- 플루이드한 소재로 릴렉스한 실루엣을 연출한 포멀룩
- 유연한 실루엣의 오버사이즈 테일러드 재킷과 플리츠(Pleats)로 볼륨감을 살린 와이드 팬츠의 매니시 슈트
- 깊은 슬릿(Slit) 디테일의 스커트와 와이드한 크롭 슬리브의 미니멀한 쉬스(Sheath) 드레스
- 가죽과 대조되는 금속을 매치한

② Architectural Ornaments : 건축미

Modern Kimono

- 폴딩(Folding) 디테일로 볼륨감을 살리고, 심플한 라인의 동양적인 감성이 묻어나는 모던 스타일
- 랩(Wrap) 형태로 여미는 기모노 스타일 셔츠와 밑단의 오리가미(Origami) 디테일을 더한 베이직한 스타일의 플리츠 스커트
- 구조적인 형태로 접혀진 슬리브리스(Sleeveless) 재킷과 잔잔한 주름의 플리세(Plisse) 크레이프 패브릭, 와이드한 오비(Obi) 스타일의 벨트를 매치
- 폴딩(Folding)된 디테일과 내추럴한 마블 패턴을 활용한 미니멀한 슈즈

Structured Marble

- 박시한 라인으로 구조적인 형태를 강조, 동양적인 감성을 살린 심플한 스타일
- 거칠고 불규칙적인 느낌의 내추럴한 마블(Marble) 패턴, 패턴을 강조한 심플하고 박시한 크롭 재킷과 스플릿(Split) 스커트
- 오버사이즈의 매니시한 슬리브리스 재킷과 패턴이 있는 팬츠 & 크롭탑 매치
- 마블(Marble) 패턴의 액세서리, 구조적인 형태의 힐(Heel)이 강조된 샌들(Sandle)

③ Technical Feminine : 테크니컬 페미닌

Translucent Sensual

- 얇고 비치는 시어(Sheer)한 패브릭을 믹스한 감각적인 페미닌룩
- 불투명한 화이트와 투명한 화이트의 매치룩이 포인트
- 시어한 나이프(Knife) 플리츠의 패브릭 패널링으로 센슈얼하게 표현된 쉬스 드레스(Sheath Dress)
- 레이시(Lacy)하고 메탈릭한 크레이프(Crape) 풀오버와 비대칭의 나이프 플리츠 스커트 매치
- 투명하거나 반투명한 PVC 소재를 매치한 액세서리
- 메탈릭 소재의 슈즈와 백으로 테크니컬한 스타일 강조

Future Feminine

- 기하학적인 퍼포레이션(Perforation) 컷아웃 디테일과 소프트한 광택이 있는 가죽소재로 퓨처리스틱한 감성을 표현한 페미닌룩
- 헴라인(Hemline)의 컷아웃 디테일이 있는 핏 앤 플레어 쉐입의 레더 드레스
- 펀칭(Punching)된 표면의 소프트한 라운드 쉐입의 레더 재킷과 레더 스커트의 매치
- 퍼포레이션 컷아웃 소재의 액세서리
- 미니멀한 쉐입에 구조적인 힐(Heel)이 강조된 슈즈

인공 조형에 의한 디자인 발상 연습

1) 디자인 발상 워밍업(Warming up the design inspiration)

2) 테마(Theme) : 'LINK_DISASSEMBLE'

3) 이미지 맵(Image Map)

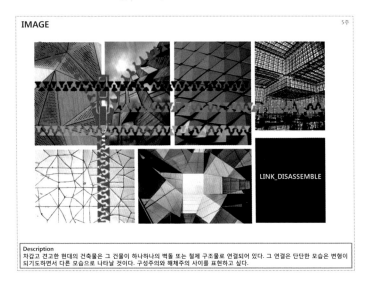

4) 컬러 & 소재 맵(Color & Fabric Map)

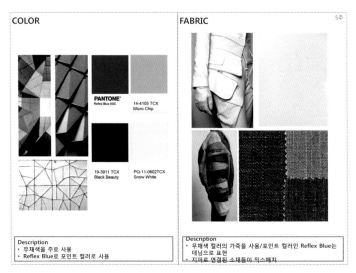

5) 스타일 맵(Style Map)

6) 디자인 전개(Design Development)

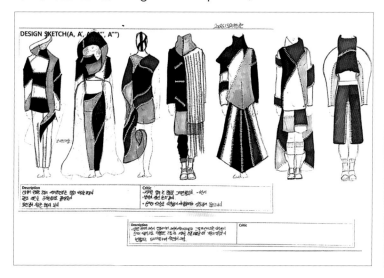

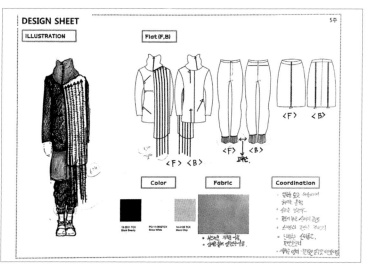

자료: 박현 학생 작품

CHAPTER 6

IT에 의한 디자인 발상

IT(Information Technology:정보 기술)는 정보화 시스템 구축에 필요한 유형, 무형의 모든 기술로 컴퓨터 하드웨어, 소프트웨어, 통신장비 관련 서비스와 부품을 생산하는 산업을 통칭한다. 장소에 상관없이 자유롭게 네트워크에 접속할 수 있는 정보 통신 환경을 의미하는 유비쿼터스(Ubiquitaus)는 자동차, 냉장고, 안경, 시계, 옷 등에 컴퓨터를 집어넣어 정보 통신이 가능하도록 실현함으로써 IT 분야의 신개념 명칭으로 사용되고 있다. IT 패션은 이러한 IT 산업이 적용된 패션의 모든 영역을 말하며 여기서는 IT 패션의 발전 및 현재를 살펴보며 미래의 가능성을 생각해 보고자 한다.

IT 패션에는 웨어러블 컴퓨터(Wearable Computer)와 스마트 웨어(Smart Wear) 등이 있다. 웨어러블 컴퓨터는 웨어러블 디바이스로 불리는 착용 컴퓨터로 안경, 시계, 의복 등과 같이 착용할 수 있는 형태로 된 컴퓨터를 뜻한다. 의복의 일부에 디지털 기기가 부착되어 언제 어디서든 컴퓨터와 네트워킹이 가능한 디자인으로 사용자가 거부감 없이 신체의 일부처럼 항상 착용하고 사용할 수 있으며 인간의 능력을 보완하거나 배가시키는 것이 목표이다. 초기에는 전자기기를 포켓에 수납하는 등의 부피가 큰 컴퓨터를 의복에 그대로 부착시키다가 구성 요소가 소형화·디지털화되면서 기능적, 심미적 측면에서 발전해 나가고 있다.

스마트 웨어는 의류의 감성적 속성을 유지하면서 각종 전자기기와 컴퓨터의 기능이 부과된 고부가가치의 신개념 의류이다. 종래의 PC 부품들을 신체에 분산 부착하는 웨어러블 컴퓨터와는 다른 개념으로 컴퓨터뿐만 아니라 섬유와 같은 소재 측면까지 고려한 명칭이다. 섬유 패션 기술을 주기술로 관련 디지털 기술과의 접목을 통해 전기전도성 섬유, 정보 통신이 가능한 디지털 실을 사용한 의복, 빛을 발하는 소재, 인공지능 소재, 압력지각 소재, 전자파차단 소재 등 하이테크 기능성 스마트 섬유 제품이 중심이 되고 있다.

스마트폰의 발달로 인해 스마트폰과 연계한 다양한 패션 제품들이 출시되고 있는데 스마트 워치, 스마트 글래스가 대부분이었던 기존 2세대 웨어러블은 최근 의류 영역으로 확대되고 있다. 2세대 웨어러블 중에서 한 단계 진일보한 기술로 평가받는 구글과 리바이스의 '프로젝트 자카드(Project Jacquard)'를 통해 발표된 스마트 재킷은 단추만 제외하면 기존 의류들과 같은 세탁 방법과 모든 성능 기술이 옷 슬리브에 들어가 있어 편리하다는 장점이 있다.

IT의 획기적인 기술로 주목 받는 3D 프린터는 아직까지 편안하고 공기가 잘 통하는 직물을 출력할 수 없으나 다양한 소재를 통해 액세서리는 물론 입을 수 있는 의복까지 만들어낼 수 있다. 아이리스 반 헤르펜(Iris Van Herpen)은 2015 S/S 패션쇼에서 미국의 3D 프린팅 회사 3-D Systems와 함께 만든 드레스를 선보였다. 2013년 나이키는 3D 프린팅 기술을 이용하여 베이퍼 레이저 탤런(Vapor Laser Talon) 축구화 아웃솔(신발 밑창)을 생산했으며, 2015년 7월 칼 라거펠트(Karl Lagerfeld)는 샤넬(Chanel) 쿠튀르 패션쇼에서 SLS 3D 프린팅 기술로 제작한 재료를 사용하여 트위드 슈트를 선보였다.

앞으로 패션과 IT 기술의 융합은 기능적인 측면을 넘어 소비자의 감성을 자극하는 디자인 측면으로의 투자가 미래 전략으로 제시되고 있다.

그림 6-2 IT에 의한 디자인

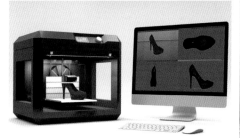

그림 6-1 웨어러블 컴퓨팅의 선구자 스티브 만(Steve Mann)의 1세대 아이 탭(Eye Tap)

1980　　Mid 1980s　　Mid 1990s　　Mid 1990s　　Late 1990s

IT에 의한 디자인 발상의 예

패션 트렌드에 나타난 IT에 의한 디자인 발상

이 트렌드에 의한 디자인 발상의 콘셉트, 패브릭, 패턴 내용은 패션넷코리아(FashionNETKorea) 홈페이지에 게재된 2015 F/W Trend의 트렌드 자료를 인용하였다(자료: 패션넷코리아).

1) 테마 : PROCESS(프로세스)

2015 F/W Trend Main Stream : NOWPOPIA

Machine & Human Relationship

- 인터넷, 3D 기술 등 디지털 혁명으로 우리의 삶이 빠르게 발전, 변화되고 있지만 한편으로는 세계적인 경기 침체로 인해 새로운 산업 풍경이 조성
- 기술 중심의 발달이 과연 옳은 것인가에 대한 의문점을 갖고 보다 '인간적인' 것에 초점을 맞추어 기계와 기술 그리고 인간과의 관계를 재정립해야 할 시기
- 기술이 처음 시작되었던 그 시기처럼, 새로운 산업혁명이 이루어지고 있는 이 시기에 보다 인간적인 접근으로의 신 산업혁명을 기대
- 디지털 이전 시기의 아마추어한 엔지니어의 감성이 보다 창의적으로 다가옴

Color

- Cement, Tar, Metal Silver, Steel 등 Industry를 형성하는 다양한 소재로부터 온 컬러들이 테크니컬한 워크웨어의 감성을 표현
- 디지털 초기 시대의 Pixel, Code와 Data를 상징하는 Bright Blue와 Bright Green이 더해지며, 여기에 Plastic을 상징하는 Bright Yellow가 포인트로 사용

Material

- 워크웨어에 활용도가 높은 튼튼하고 내구성 있는 울 또는 개버딘 코튼과 왁싱되거나 거친 표면의 가죽 등이 주목
- 볼륨감 있는 방수 패딩은 네오플렌 타입의 소재 또는 본딩 된 나일론으로 만들어 짐
- 초경량의 퀼팅 패브릭이 다양한 아이템으로 표현
- 메탈릭 가공의 패브릭과 액세서리들이 적극 활용됨

Style

- 기계와 기술 등에서 영감을 받은 모던하고 실용적인 감각의 스타일을 추구
- 심플하면서도 구조적인 쉐입과 기계와 컴퓨터 시스템에서 영감을 받은 지오메트릭한 디테일들을 활용
- 전통적인 워크웨어 스타일에 믹스된 패브릭과 메탈릭한 실버 가공 & 액세서리로 모던한 에지를 줌
- 볼륨감 있는 테크니컬한 소재와 텍스처로 실용적인 시티 스포츠룩을 표현

Structured Block / Technical Mechanics / Sportif Construction

2) Style 전개

① Structured Block(구조적인 블럭)

Structured Minimal

- 박시(Boxy)한 라운드 쉐입의 코트와 미니멀한 라인의 가죽 스커트, 컬러 블록된 펠트 울과 가죽 소재 패널로 구조적인 형태 강조
- 오버사이즈 핏의 크롭된 재킷과 와이드 맨즈 스타일 팬츠
- 볼드한 그리드(Grid) 패턴 체크, 기하학적인 컷팅 라인의 이너탑 매치
- 건축적인 형태의 굽과 디테일의 슈즈, 뚜렷한 윤곽의 미니멀한 가방

Structured Minimal

- 메탈릭한 그리드(Grid) 텍스처와 울소재의 패널(Pannel)로 블록(Block) 디테일 강조한 테크니컬한 미니멀 코트, 피카부 메탈 지퍼(Zipper) 디테일 포인트
- 빳빳한 펠트 울로 구조적인 형태를 강조한 라운드 쉐입의 쉘(Shell) 탑(Top), 격자무늬 패턴의 패널이 있는 랩(Wrap) 스타일 스커트와 메탈릭 디테일의 액세서리 매치
- 볼드한 메탈릭 체인(Chain)이 있는 미니멀한 가방과 컨트라스트 컬러의 블록 솔(Sole) 로퍼(Loafer)

② Technical Mechanics(테크니컬 기계공)

Metallic Technique

- 볼드한 라인 테이프와 고광택 실버 메탈리의 지퍼 디테일로 포인트를 준 미니멀한 데님 워크 웨어, 라운드 쉐입의 숄더와 구조적인 실루엣
- 두께감 있는 펠트 울과 고광택 실버 포일(Foil) 코팅 패널의 매치, 새로운 감각의 워크웨어 스타일 연출
- 유틸리티한 디테일과 메탈릭 소재로 포인트를 준 미니멀한 감성의 액세서리

Technical Workwear

- 코팅되거나 광택감이 있는 소재로 업데이트 된 테크니컬한 워크웨어 점프수트, 펠트 울과 퍼(Fur) 트리밍으로 더욱 고급스럽게 업데이트 된 유틸리티 파카(Parka)
- 패브릭 & 컬러 블록 패널로 유틸리티하게 연출된 울소재의 롱코트와 테크니컬한 퀼팅 라인의 미니 스커트 매치
- 유틸리티한 디테일과 광택 있는 소재가 믹스된 워크부츠

③ Sportif Construction(스포티한 구조물)

Performance Volume

- 퀼팅, 엠보싱 텍스처 등 볼륨감을 살린 스포티한 패팅과 울소재 블루종의 매치, 매끈한 광택의 패널로 하이테크적인 감성을 더함
- 물결라인의 다이내믹한 퀼팅 디테일과 원색의 컬러 블록 패널로 스포티한 느낌을 살린 미니 스커트 세트, 스타일리시한 우먼즈 스포츠룩 완성
- 퀼팅 디테일과 퓨처리스틱한 힐(Heel) 디자인의 액세서리

3D Technical Saports

- 하이테크적인 소재로 새로운 스포츠룩을 연출, 컷아웃 디테일과 볼륨감 있는 3D 텍스처 & 컬러 블록으로 새롭게 변형된 니트웨어, 입체감 있는 패턴과 광택 코팅된 소재의 미니 스커트
- 구조적인 네오플렌(Neoprene) 소재와 혁신적인 체인(Chain) 구조의 풀오버

IT에 의한 디자인 발상 연습

1) 디자인 발상 워밍업(Warming up the design inspiration)

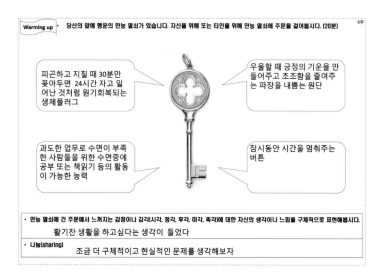

2) 테마(Theme) : 'Party of right'

3) 이미지 맵(Image Map)

4) 컬러 & 소재 맵(Color & Fabric Map)

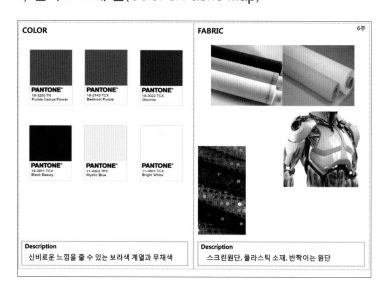

5) 스타일 맵(Style Map)

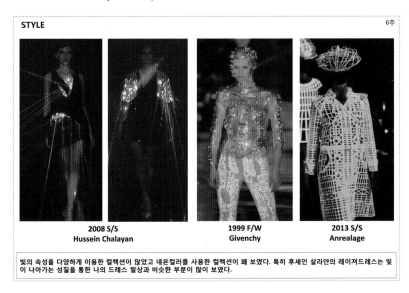

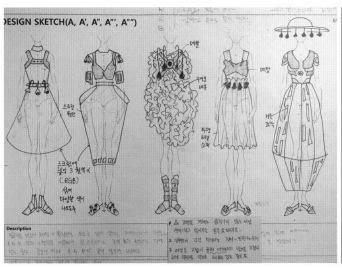

6) 디자인 전개(Design Development)

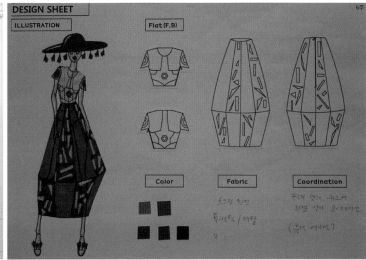

자료: 김소연 학생 작품

PART 2

패션 디자인 기획

패션 디자인 기획은 의도하는 목적이나 내용, 즉 콘셉트에 맞는 최상의 디자인을 추출하기 위해 조사하고 계획하는 일이다. 디자인 기획에 대한 감각을 익히기 위해서는 패션 시장에 나와 있는 브랜드에 대한 디자인을 분석하고 이를 변화·발전시키는 훈련이 도움이 된다. Part 2에서는 브랜드 디자인 기획의 흐름과 그 특성에 대해 살펴본다. Part 1의 크리에이티브 디자인 발상 소스를 접목하여 기존 패션 브랜드 디자인을 새롭게 제안하는 플러스 발상을 해 본다. 나아가 자신만의 뉴 브랜드 디자인 기획에 도전해 봄으로써 디자이너로서의 디자인 기획 능력을 키워 본다.

CHAPTER 7

브랜드 디자인 기획 프로세스

패션 기업에서의 새로운 브랜드 런칭은 상품개발을 위한 일련의 과정을 거쳐 이루어진다. 마케팅 측면에서의 정보 분석을 바탕으로 표적시장을 설정하고 브랜드에 대한 기본적인 방향과 전략이 세워지면 구체적인 디자인 개발에 들어가게 된다. 여기서는 브랜드 디자인 기획 과정에 대해 그 흐름과 특성을 간략하게 살펴보고자 한다.

그림 7-1 브랜드 디자인 기획 프로세스

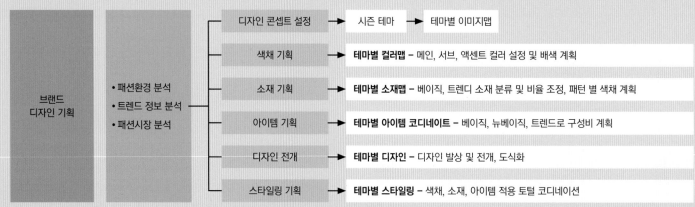

디자인 콘셉트

콘셉트(concept)는 어떤 대상의 이미지를 전달하기 위해 선택한 하나의 일관된 개념을 말한다. 이는 브랜드의 아이덴티티(identity), 즉 브랜드가 지향하는 방향이나 성격, 이미지를 말하는 것으로 타 브랜드와의 차별화가 되기도 한다.

명확한 콘셉트가 설정되면 디자인 개발을 위해 패션 트렌드 정보를 수집 및 분석하고 이를 바탕으로 시즌 테마를 정한다. 각 시즌 테마의 콘셉트에 따라 이미지, 색채, 소재, 형태 및 디테일, 액세서리 등의 방향을 맵을 통해 시각화 시키고 구체화한다.

색채 기획

색채 정보는 패션 트렌드 관련 정보 중 가장 먼저 발표된다. 각국의 색채 정보원들이 경기 동향, 사회 문화적 배경, 생활 의식, 색채 변화, 소비자 흐름, 관련 업체의 매출, 대중 선호색 등 다양한 정보를 감안하여 결정한다. 프랑스 파리에 본부를 두고 있는 세계유행색협회(International Commission for Fashion Textile Colours)는 매년 두 차례의 회의를 열어 앞으로 2년 후의 색채 방향을 분석하고 S/S와 F/W 두 시기로 구분하여 예측 색을 제시하고 있다. (재)한국패션유통정보연구원(FaDI:구 CFT)은 1992년부터 한국제안컬러를 결정하여 인터컬러에서 발표하고, 인터컬러 결정색을 한국에 전파하는 'Intercolor'의 국내 대표

기관으로 활동하고 있다.

색채 기획은 패션 색채정보원에서 제공하는 트렌드 컬러와 브랜드 고유의 컬러를 고려하여 시즌 컬러 방향을 정하는 것으로 시작된다. 시즌 콘셉트에 맞추어 컬러 테마와 스토리를 작성하고 이미지맵을 통해 컬러를 추출한다. 메인 컬러(60~70%), 서브 컬러(20~30%), 액센트 컬러(5~10%)의 비율을 조정해가며 컬러 코디네이션 방향을 정하고 아이템과 스타일별로 더욱 세분화되어 색채 기획이 들어간다.

그림 7-2 Hue & Tone 컬러 카드(2019 F/W)

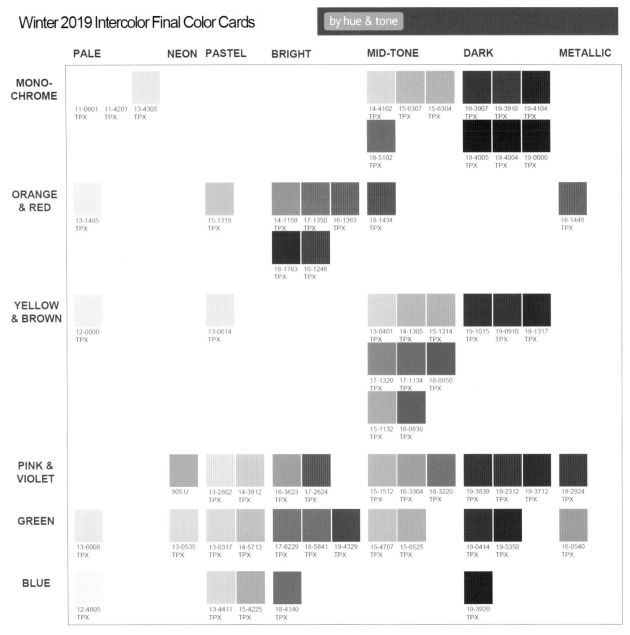

Winter 2019 Intercolor Final Color Cards

by hue & tone

	PALE	NEON	PASTEL	BRIGHT	MID-TONE	DARK	METALLIC

MONO-CHROME
11-0601 TPX 11-4201 TPX 13-4305 TPX
14-4102 TPX 15-6307 TPX 15-6304 TPX 19-3907 TPX 19-3910 TPX 19-4104 TPX
18-5102 TPX 19-4005 TPX 19-4004 TPX 19-0000 TPX

ORANGE & RED
13-1405 TPX 15-1319 TPX 14-1159 TPX 17-1350 TPX 16-1363 TPX 18-1434 TPX 16-1448 TPX
18-1763 TPX 18-1246 TPX

YELLOW & BROWN
12-0000 TPX 13-0614 TPX 13-0401 TPX 14-1305 TPX 15-1314 TPX 19-1015 TPX 19-0910 TPX 19-1317 TPX
17-1320 TPX 17-1134 TPX 18-0950 TPX
15-1132 TPX 18-0830 TPX

PINK & VIOLET
905 U 13-2802 TPX 14-3812 TPX 16-3823 TPX 17-2624 TPX 15-1512 TPX 16-3304 TPX 18-3220 TPX 19-3839 TPX 19-2312 TPX 19-3712 TPX 19-2924 TPX

GREEN
13-6008 TPX 13-0535 TPX 13-0317 TPX 14-5713 TPX 17-6229 TPX 18-5841 TPX 19-4329 TPX 15-4707 TPX 15-0525 TPX 19-0414 TPX 19-5350 TPX 16-0540 TPX

BLUE
12-4805 TPX 13-4411 TPX 15-4225 TPX 18-4140 TPX 19-3920 TPX

1855;19FW;C_IC_ANS;[2019 winter ICReport] Color Analysis;2018.05.11

ICReport

그림 7-3 주제별 컬러 이미지맵과 팔레트(2019 F/W)

Intercolor Concept for Winter 2019

2019 가을 · 겨울 '조화로운 불협화음'을 위한 5가지 소주제

HARMONIOUS DISCORD 조화로운 불협화음

Permanent Now	Reality is Not Enough	Sustainable Impact	Parallel Times	Unstoppable Transformation	Technology - Humanism
영구적인 지금	현실은 충분하지 않다	지속가능한 영향	평행한 시간	멈출 수 없는 변화	기술 - 휴머니즘

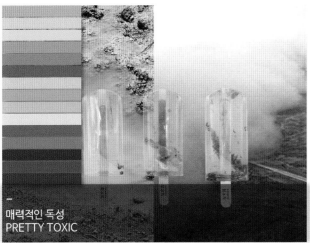

매력적인 독성
PRETTY TOXIC

아름다운 몰락
BEAUTIFUL COLLAPSE

데이터 네이처
DATA NATURE

감정을 증폭시키다
AMPLIFIED EMOTIONS

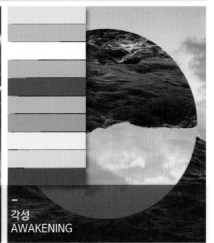

각성
AWAKENING

1855;19FW;C_IC_ANS;[2019 winter ICReport] Color Analysis;2018.05.11

ICReport

소재 기획

소재 정보는 12~18개월 앞서 패션 정보기관이나 소재 전문업체에서 원사나 원단 정보를 제공한다. 이를 바탕으로 브랜드에서는 색채 기획과 마찬가지로 시즌 테마별 시각적 맵 자료를 만들고 아이템과 스타일별로 좀 더 세밀하게 소재 기획을 한다. 기존에 브랜드에서 사용해 왔던 아이템별 소재에 대한 소비자 반응과 경쟁 브랜드의 소재별 판매 실적, 시장 조사 등의 소재 정보 분석을 토대로 소재 트렌드를 참고하여 시즌 소재 스토리를 구성해 나간다. 또한 소재는 가격 정책에 있어 부자재와 함께 원가 절감에 영향을 주는 요소로 브랜드의 가격 포지셔닝, 콘셉트에 맞는 가장 효과적이고 경제적인 선택이 중요하다.

그림 7-4 소재 트렌드 맵(2018-19 F/W)

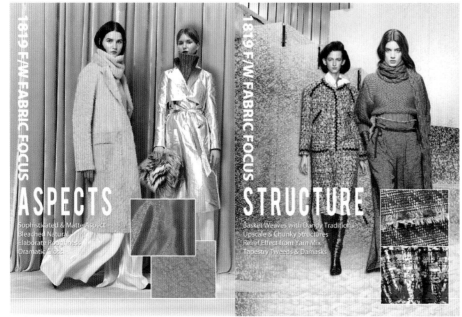

패션넷코리아-trend-fabric-[Fabric Resource] No.21 1819 F/W Fabric Focus 내용 일부
http://www.fashionnetkorea.com/trend/trend_pr_fabric.asp

그림 7-5 재질 감성축과 소재

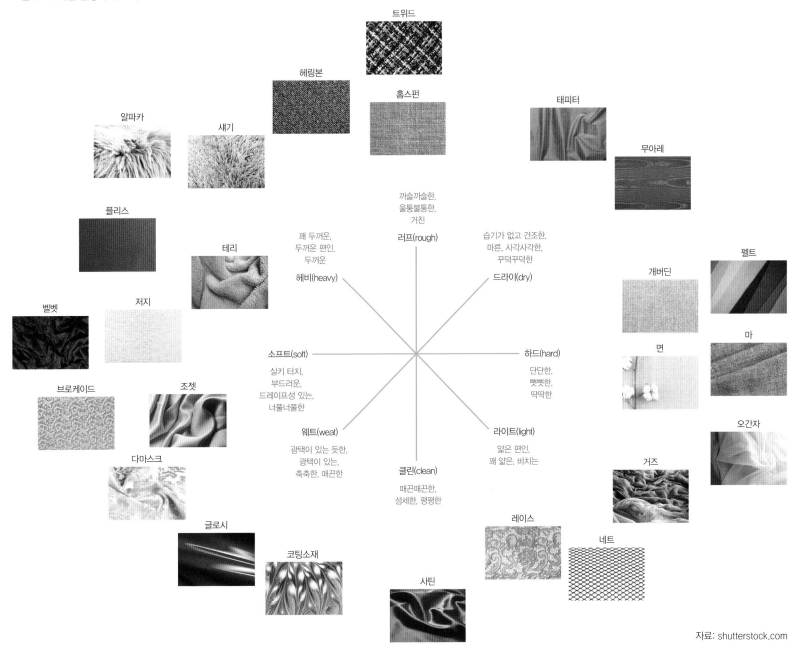

트위드

헤링본

홈스펀

태피터

무아레

알파카

섀기

플리스

테리

벨벳

저지

브로케이드

조젯

다마스크

글로시

코팅소재

사틴

레이스

네트

거즈

오간자

마

면

펠트

개버딘

까슬까슬한,
울퉁불퉁한,
거친

러프(rough)

습기가 없고 건조한,
마른, 사각사각한,
꾸덕꾸덕한

드라이(dry)

꽤 두꺼운,
두꺼운 편인,
두꺼운

헤비(heavy)

소프트(soft)

실키 터치,
부드러운,
드레이프성 있는,
너풀너풀한

하드(hard)

단단한,
뻣뻣한,
딱딱한

웨트(weat)

광택이 있는 듯한,
광택이 있는,
축축한, 매끈한

라이트(light)

얇은 편인,
꽤 얇은, 비치는

클린(clean)

매끈매끈한,
섬세한, 평평한

자료: shutterstock.com

패션 정보원 및 홈페이지

	컬러	소재	패션 트렌드	컬렉션 및 어패럴 박람회
24 개월	−국제유행색협회(International Commission for Fashion and Textile Colours/www.intercolor.nu) 인터컬러 결정			
18 개월	−CFCA(중국:China Fashion Colour Association/www.fashioncolor.org.cn) −JAFCA(일본:Japan Fashion Color Association/www.jafca.org) −CFT(한국:Korea Color & Fashion Trend Center/www.cft.or.kr) −CEW(미국:Cosmetic Executive Women/www.cew.org) −CFC(프랑스:Comité Français de la Couleur/www.comitefrancaisdelacouleur.com) −DMI(독일:Deutsches Mode Institut/www.deutschesmodeinstitut.de) −Italian Color Insight(이탈리아:COLOR COLORIS/www.colorcoloris.com) −inFASH(태국:Thailand Institute of Fashion Research/www.infashthailand.com) −CAUS(미국:Color Association of US/www.colorassociation.com/) −Huepoint(미국/huepoint.com)	−TWC(울마크컴퍼니:The Woolmark Company/www.wool.com) −ICAC(국제면화자문위원회:International Cotton Advisory Committee/www.icac.org) *1997년 IWS(국제양모사무국:International Wool Secretariat)에서 TWC로 명칭 변경	−Carlin(프랑스/carlin-creative.com) −Percler(프랑스/www.peclersparis.com/fr/accueil) −Promostyl(프랑스/www.promostyl.com/en) −Nelly Rodi(프랑스/www.nellyrodi.com) −WGSN(미국/www.wgsn.com/en) −Trendpost[미국 Fashion snoops:www.fashionsnoops.com와 협력(www.trendpost.com)]	
12 개월		−Premiere Vision(프랑스:Yarns and Fibres at the origine of creation/www.premierevision.com) −Pitti Imagine(이탈리아/www.pittimmagine.com) −Interstoff Asia(홍콩/www.interstoff-asia.com) −Preview in SEOUL(한국/www.kofoti.or.kr)	−PFIN(한국/www.firstviewkorea.com) −IFP(한국/www.ifp.co.kr) −SDN(한국/www.samsungdesign.net)	
6 개월				−Paris Fashion Week(파리/fhcm.paris/en) −London Fashion Week(런던/www.londonfashion-week.co.uk) −New York Fashion Week(뉴욕/nyfw.com) −Milan Fashion Week(밀라노/www.cameramoda.it/en) −SFW(서울/www.seoulfashionweek.org) −CENTRESTAGE(홍콩/www.centrestage.com.hk) −Pitti Immagine Uomo(피렌체/www.pittimmagine.com) −MODA PRIMA(피렌체/www.pittimmagine.com) −Magic Show(라스베가스/www.ubmfashion.com)

아이템 기획

시즌 테마에 따라 색채와 소재 방향이 정해지면 테마에 따른 아이템별로 디자인의 방향을 보여주는 아이템 맵과 상품 구성 비율을 정한다. 상품 구성은 아이템별로 베이직(20%), 뉴 베이직(40%), 트렌드(20%)로 분류하며 구성 비율은 브랜드가 지니고 있는 이미지나 콘셉트에 따라 다소 유동적이다.

시즌 테마에 따른 아이템별 맵 구성 시 트렌드 반영과 이전 시즌의 소비자 상품 선호 디자인, 경쟁 브랜드의 디자인 반응 등을 고려하여 아이템 디자인 맵 구성이 이루어진다. 브랜드 고유의 느낌을 유지하면서 시즌 콘셉트에 맞게 상품을 구성해야 하며 이러한 시각적 자료를 통해 본격적인 디자인 전개가 이루어진다.

그림 7-6 스타일 아이템 트렌드 맵(2019 S/S)

Modern Prairie
[모던 프레리]

Provenance
[기원]

로맨틱한 프레리룩은 시어한 레이스의 레이어, 풍성하고 볼륨감 있는 플리츠 디테일, 입체적인 텍스처로 모던한 감각을 제안한다. 화려한 디테일에 절제된 컬러의 활용으로 한층 차분해진 모던 프레리룩을 연출한다.
- 아플리케로 입체적인 느낌을 더한 시어한 소재와 모던한 패턴의 레이스
- 미디, 맥시 기장의 시어한 드레스, 풍성한 볼륨감을 더한 블라우스가 키아이템

Mysterious Lingerie
[신비스러운 란제리]

Beyond
[비욘드]

반식감으로 깊이나고 부 은하게 비치는 신비스러운 느낌은 류마틱하고 보호있려한이 묘요 스우믹 로 구인 된다. 첨단의 기술이 더해서 더욱 섬세해진 소재가 주요하게 활용된다.
- 얇게 비치는 레이스나 튤, 신비로운 느낌을 전하는 은은한 글리터링 소재가 핵심
- 코르셋이 그대로 드러나는 시어한 소재의 드레스와 스커트, 레이스 트리밍의 슬립 드레스가 키아이템

패션넷코리아-trend-style-style forescast-2019 SS Style forecast 내용 일부
http://www.fashionnetkorea.com/trend/trend_style_styleForcast.asp

VOGUE PARIS

VOGUE AUSTRALIA

VOGUE AUSTRALIA

ELLE RUSSIA

VOGUE UK

VOGUE ITALY

MAISONE STYLE STORIES

i-D

CR FASHION BOOK

ALLURE

VOGUE AUSTRALIA

Surreal Structure
[비현실적인 구조]

Emotion
[감정]

초현실적이고 비현실적인 구조로 표현된 글래머러스룩이 제안된다. 과장된 실루엣이나 디테일로 새로운 룩을 연출하며, 고전적인 스타일에서도 영감을 받는다.
- 다크한 컬러와 비비드한 컬러의 광택이 있는 실크 소재, 시어한 틀 등 고급스러운 소재의 활용
- 어깨를 강조한 고전적인 실루엣의 재킷과 블라우스가 키아이템, 과장된 레이스 트리밍과 리본 디테일

Out of Tailoring
[아웃 오브 테일러링]

Rethink
[리씽크]

창의적인 반전의 요소로 전형적인 테일러링 스타일에 파격적인 변화를 준 스타일이 제안된다. 기존의 테일러링 의상을 해체하여 재구성하거나, 유스한 감성을 더해 감각적으로 재탄생시킨다.
- 유스한 감성에 매치되는 테일러링 울소재, 자카드 등을 활용
- 비대칭적이고 과장된 디테일의 수트, 해체된 디자인의 셔츠, 컬러풀하고 대담한 그래픽이 더해진 포멀 재킷, 고급소재의 합합 팬츠 등이 키아이템

패션넷코리아-trend-style-style forescast-2019 SS Style forecast 내용 일부
http://www.fashionnetkorea.com/trend/trend_style_styleForcast.asp

셔츠와 블라우스 셔츠는 맨살에 머리에서부터 뒤집어써 입던 중세 복식으로 후에는 밴디드 칼라, 주름 장식, 수 장식이 첨가되었다. 전통적으로 칼라(tailored, convertible, turtle neck 등)와 소매가 달린 상의인데, 일반적으로 스커트나 바지 속에 집어넣어 입는다. 특별한 운동(사냥, 펜싱, 폴로, 승마, 테니스 등)을 위해 디자인된 남녀 공용의 20세기 옷으로 간혹 바지 밖으로 내어 입거나 뒤나 옆에 단추를 다는 디자인도 있으며 실용적이면서도 장식적인 옷감을 많이 사용한다. 블라우스의 어원은 로마네스크(11~12세기) 시대 농민들의 작업복인 블리오(bliaud)이며, 블라우스를 스커트 허리에 넣어 입어 블루종(blouson)된 데에서 명칭이 붙었다고 한다. 여성과 아동이 상반신에 입는 가벼운 소재로 만든 여유 있는 셔츠형을 말한다.

코르피케

캐미솔 블라우스

튜브 톱

홀터넥 블라우스

보 블라우스

랩 블라우스

튜닉 블라우스

페플럼 블라우스

페전드 블라우스

슬리브리스 셔츠

티 셔츠

셔츠 블라우스

세일러 셔츠

후드티 셔츠

웨스턴 셔츠

터틀넥 니트 셔츠

스커트 스커트는 하반신을 감싸는 의복을 말한다. 하나의 독립된 옷으로 볼 때와 드레스, 코트 등 상하가 붙은 옷의 허리에서 아랫단까지의 부분적인 명칭으로 불릴 때도 있는데, 길이는 패션에 따라 변화하여 겉이나 안에 입도록 되어있고 주로 여성, 여아들이 입는 단품이다.

미니 스커트

타이트 스커트

A라인 스커트

플레어 스커트

개더 스커트

오버 스커트

랩 스커트

맥시 스커트

트럼팻 스커트

머메이드 스커트

(아코디언)플리츠 스커트

티어드 스커트

프린징 스커트

부팡 스커트

헹커치프 스커트

점퍼 스커트

팬츠 팬츠는 허리에서 시작하여 힙과 양쪽 다리를 포함한 하반신의 옷을 지칭하는 것으로, 영어로는 트라우저스(trousers), 슬랙스(slacks), 팬츠(pants)라고 하고, 프랑스어로는 판탈롱(pantalon)이라고 한다. 보온성과 기능성을 겸비한 의복으로 남성들이 주로 착용하였으나, 19세기 여성들이 입기 시작했으며 길이와 디자인이 다양해져 성별과 연령을 불문하고 착용되는 대표적인 아이템이다.

쇼츠 팬츠 · 자메이카 팬츠 · 스키니 팬츠 · 스트레이트 팬츠 · 데님 · 세일러 팬츠

페그톱 팬츠 · 카고 팬츠 · 주아브 · 하렘 팬츠 · 와이드 팬츠 · 팔라초 팬츠

레깅스 · 트레이닝(스웨트) 팬츠 · 오버롤 · 점퍼슈트

재킷 재킷은 상의의 총칭으로 허리에서부터 힙 사이의 길이로 된 겉옷을 말한다. 대개 앞여밈으로 되어 있으며 남성, 여성, 아동 모두 두루 입는다. 스커트, 팬츠와 코디네이트하여 입거나 블라우스, 셔츠를 입은 위에 걸쳐 입기도 하는 다양성 있는 아이템이다. V존의 깊이, 칼라의 폭, 싱글 버튼 또는 더블 버튼 등으로 변화를 주며 다양한 스타일의 디자인으로 나타난다.

베스트　　　카디건　　　베스트 재킷　　　테일러드 재킷　　　블레이저　　　샤넬 재킷

볼레로　　　페플럼 재킷　　　네루 재킷　　　셔츠 재킷　　　사파리 재킷　　　가운 재킷

랩 재킷　　　바이커 재킷　　　범버 재킷　　　밴드 재킷

원피스 원피스란 일반적으로 상의와 하의가 연결된 옷을 말한다. 이때 상의와 스커트, 상의와 팬츠가 연결될 수 있으며, 특히 스커트가 연결된 경우 원피스 드레스 또는 드레스라고 부르기도 한다.

베이비돌 원피스   이브닝 드레스   베어 백 드레스   홀터넥 드레스   슈미즈 드레스   시프트 드레스

셔츠 드레스   랩 드레스   엠파이어 드레스   로우 웨이스트 드레스   페전트 원피스   판초 드레스

프렌세스 드레스   머메이드 드레스   기모노 드레스   점프슈트

점퍼와 코트 점퍼는 영국에서 풀오버 스웨터를 가리키기도 하며 옷을 보호하기 위하여 덧입는 평평한 재킷 형태의 블라우스를 말한다.
코트는 다른 의복 위에 덧입는 겉 의상의 총칭으로 추위, 비, 눈 등으로부터 보호하기 위해서 입는다. 목적에 따라 옷감의 종류와 형태가 달라지고 동물의 털로 만든다. 상체는 대개 몸에 맞으며 길이는 엉덩이 둘레선이나 그보다 길어질 수도 있으며, 길이와 스타일은 경향에 따른다.

베이스볼 점퍼   블루종 점퍼   스웨트 점퍼   아노락   패딩 점퍼   피코트

밀리터리 코트   커터웨이 코트   얼스터 코트   리퍼 코트   트렌치 코트   랩 코트

더플 코트   셔츠 드레스 코트   케이프   판초

도식화

도식화(圖式化)는 사물의 구조, 관계, 변화 상태 등을 그림이나 양식으로 표현한 것이다. 인간의 창조적 태도 없이 일정한 형식이나 틀에 맞춰서 사물의 본질이나 특성을 구체적으로 나타낸다. 제작을 위한 작업지시서에 그려지는 2차원의 그림이므로 미적인 측면에서의 표현보다는 여밈과 다트, 단추나 지퍼 등의 부자재의 크기나 수량 및 간격, 바느질 기법 등 세부사항에 대한 상세한 설명이 들어가도록 해야 한다. 도식화는 손으로 그리는 것이 일반적이나 최근에는 일러스트레이터(Illustrator) 프로그램 등 컴퓨터 소프트웨어를 이용한 도식화 작업이 늘어나고 있는 추세다. 스포츠 웨어나 캐주얼 아웃 도어 등 직선적인 요소가 많은 디자인은 컴퓨터 도식화를 사용하여 수정과 배색을 원활하게 하는 경우가 많다.

패션에서의 도식화는 기획에서 생산에 이르기까지의 커뮤니케이션의 도구이므로 디자인 표현은 물론 의복의 구성과 봉제 테크닉에 대해 충분한 숙지로 정확한 실루엣과 디테일 및 실무에서 약속된 언어들로 표현하는 훈련이 필요하다. 이를 위해 옷장의 옷이나 패션 컬렉션의 의상들을 자세히 살펴보고 그대로 그려보는 것도 좋은 훈련 방법이다.

그림 7-6 도식화 기본 바디 및 예시

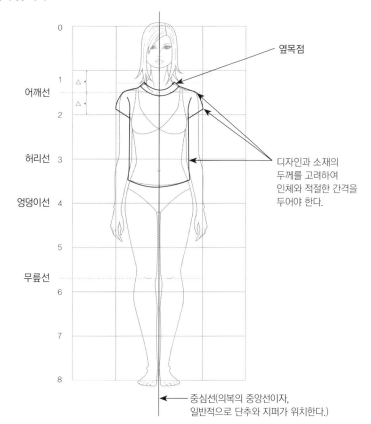

옆목점

디자인과 소재의
두께를 고려하여
인체와 적절한 간격을
두어야 한다.

어깨선
허리선
엉덩이선
무릎선

중심선(의복의 중앙선이자,
일반적으로 단추와 지퍼가 위치한다.)

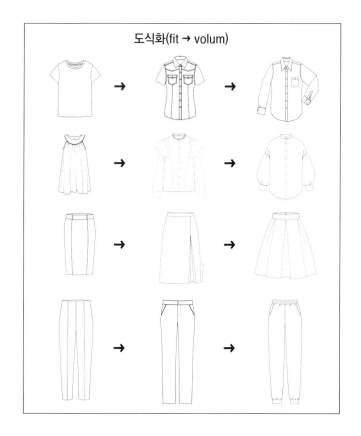

도식화(fit → volum)

CHAPTER 8

브랜드 디자인 플러스 발상과 전개

패션 브랜드는 브랜드 콘셉트와 아이덴티티를 유지하면서 매 시즌 시장 조사와 트렌드 분석을 통해 몇 가지 시즌 콘셉트를 제시한다. 크게는 시즌별로, 더 타이트하게는 월별 및 주별로 디자인 출시를 기획한다. 브랜드가 지니고 있는 정체성을 유지하면서 계속 새로운 디자인을 제시하는 것이다. 이번 장에서는 패션 시장에 나와 있는 기존 브랜드에 대한 리뉴얼 전략의 일환으로 브랜드 디자인 기획을 해보고자 한다. 브랜드 디자인 리서치를 통해 분석 된 자료를 바탕으로 디자인 측면에서 새롭고 신선한 변화를 제안 해 보자. Part 1에서 다루었던 크리에이티브 디자인 발상의 인스피레이션을 적용하여 브랜드 디자인에 대한 플러스 발상과 전개로 디자인 기획 감각을 익혀본다.

브랜드 디자인 리서치

기존 브랜드에 대한 디자인 리서치는 뉴 브랜드 디자인 기획에 앞서 반드시 선행되어야 하는 과정이다. 기존 브랜드의 콘셉트와 오리지널리티(originality)를 분석하고 이에 적합한 시즌 테마와 색채, 소재, 아이템, 디자이닝이 적합하게 이루어졌는지 살펴보는 것은 새로운 브랜드 기획을 성공적으로 이끌 수 있는 길잡이가 된다.

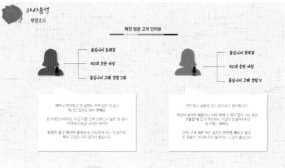

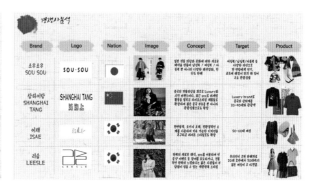

자료 : 이원미, 손영현 학생 작품 중 일부
주최: 한국의류학회 2018년도 패션상품기획콘테스트 브랜드상 수상

브랜드 디자인 플러스 발상과 전개

Name		Logo	
Concept			
Theme			
Silhouette & Detail			
Color & Combination			
Texture & Pattern			
Accessory			
Fashion Coordination			

Brand Image (Before → Renewal)

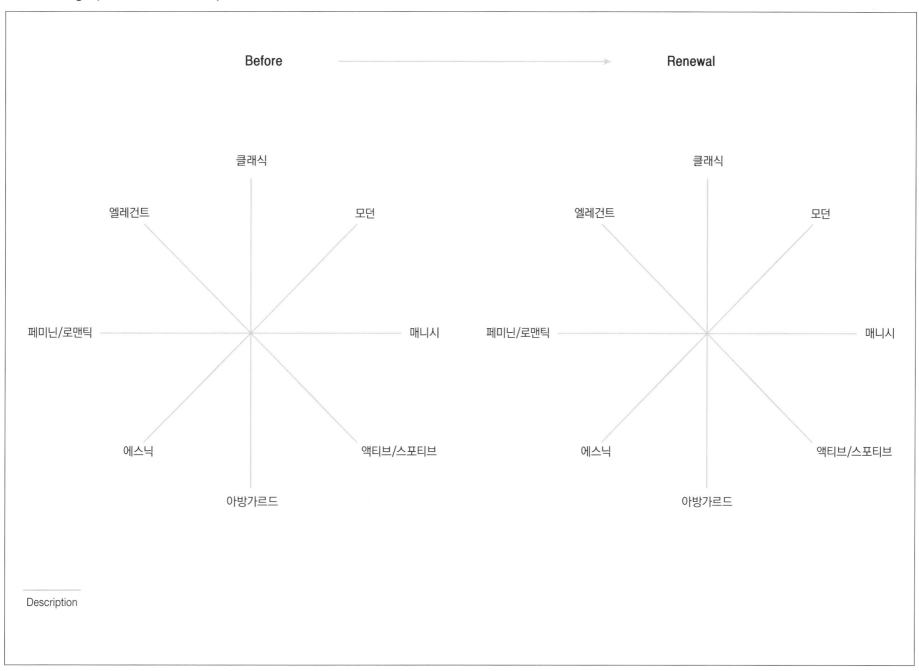

Before ⟶ Renewal

클래식

엘레건트　　　　　　　　모던

페미닌/로맨틱　　　　　　　　　매니시

에스닉　　　　　　　　액티브/스포티브

아방가르드

클래식

엘레건트　　　　　　　　모던

페미닌/로맨틱　　　　　　　　　매니시

에스닉　　　　　　　　액티브/스포티브

아방가르드

Description

Theme Image

Description

Color Image

Description

Color Chart

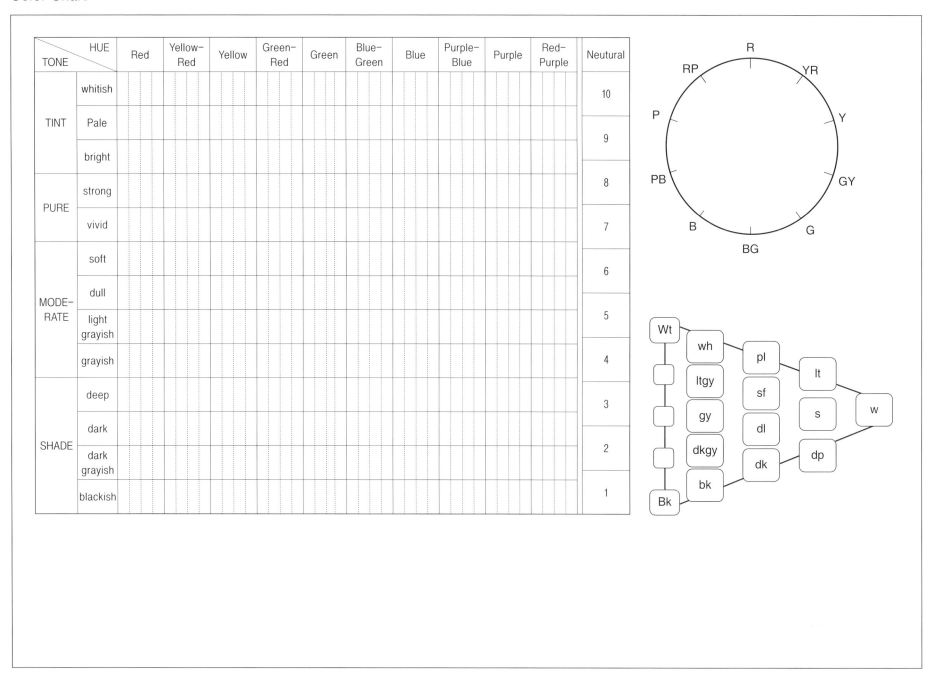

TONE \ HUE		Red	Yellow–Red	Yellow	Green–Red	Green	Blue–Green	Blue	Purple–Blue	Purple	Red–Purple	Neutral
TINT	whitish											10
	Pale											9
	bright											
PURE	strong											8
	vivid											7
MODE-RATE	soft											6
	dull											
	light grayish											5
	grayish											4
SHADE	deep											3
	dark											2
	dark grayish											
	blackish											1

Texture & Pattern

Description

Style

Description

Detail

Description

Accessory

Description

Design Development

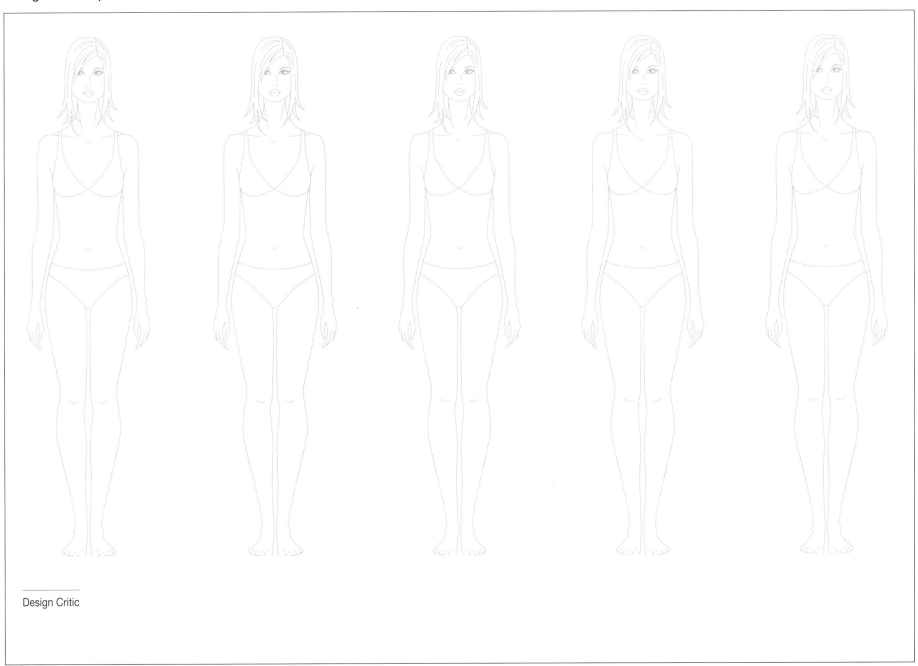

Design Critic

Design Development

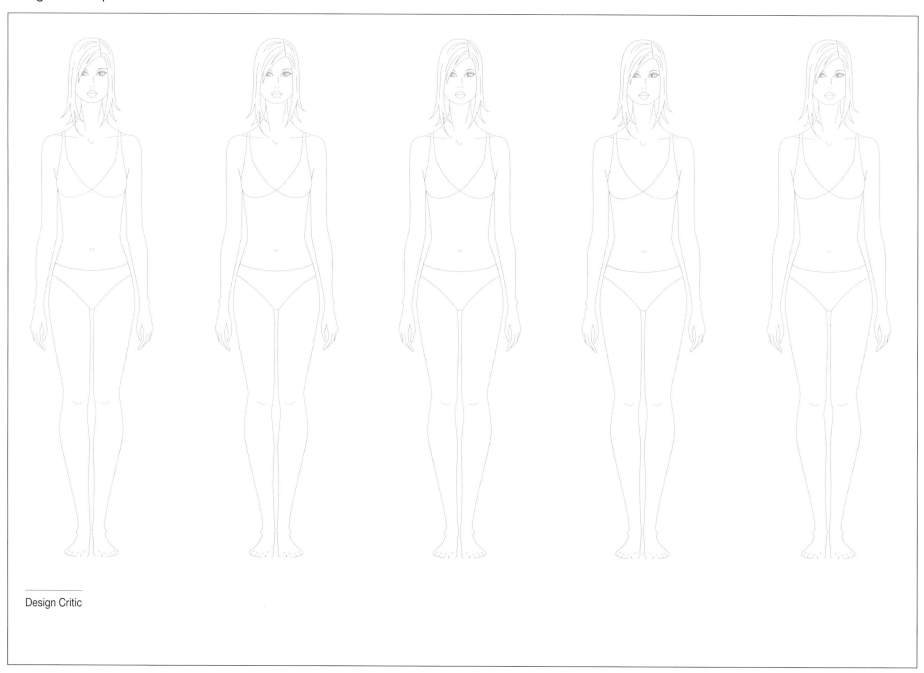

Design Critic

Design Development

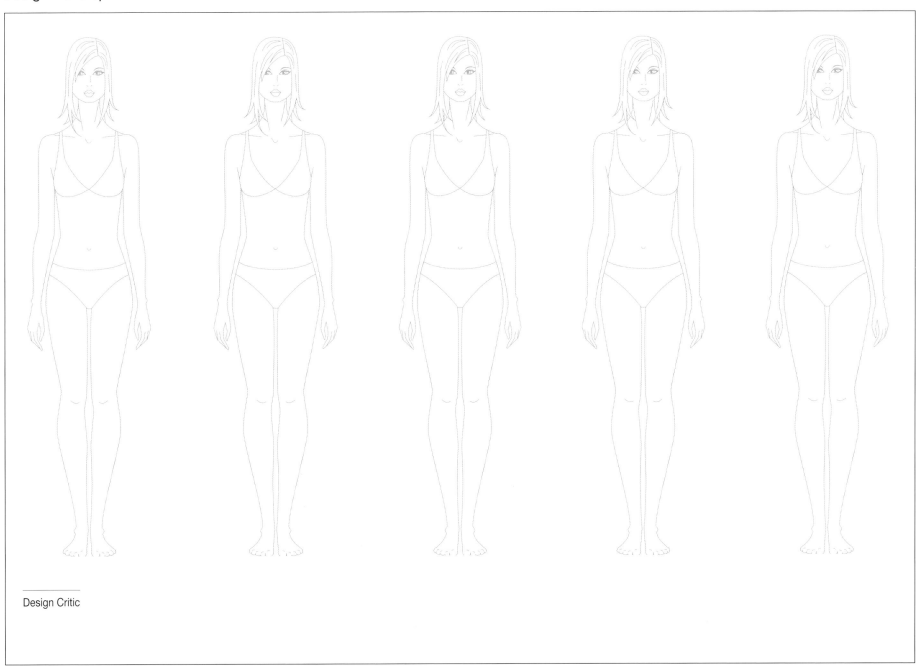

Design Critic

Design Development

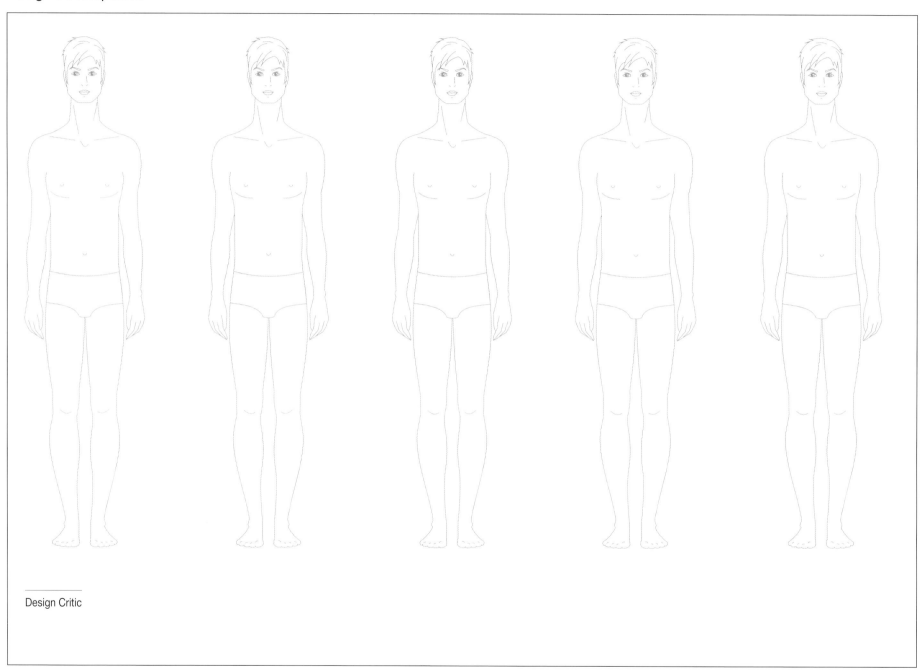

Design Critic

Design Development

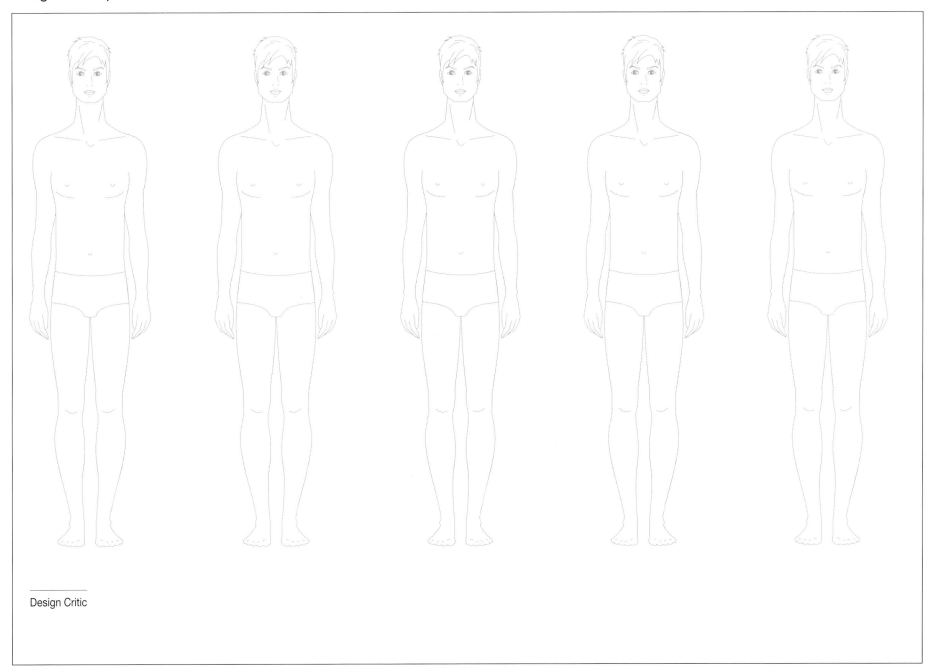

Design Critic

Design Development

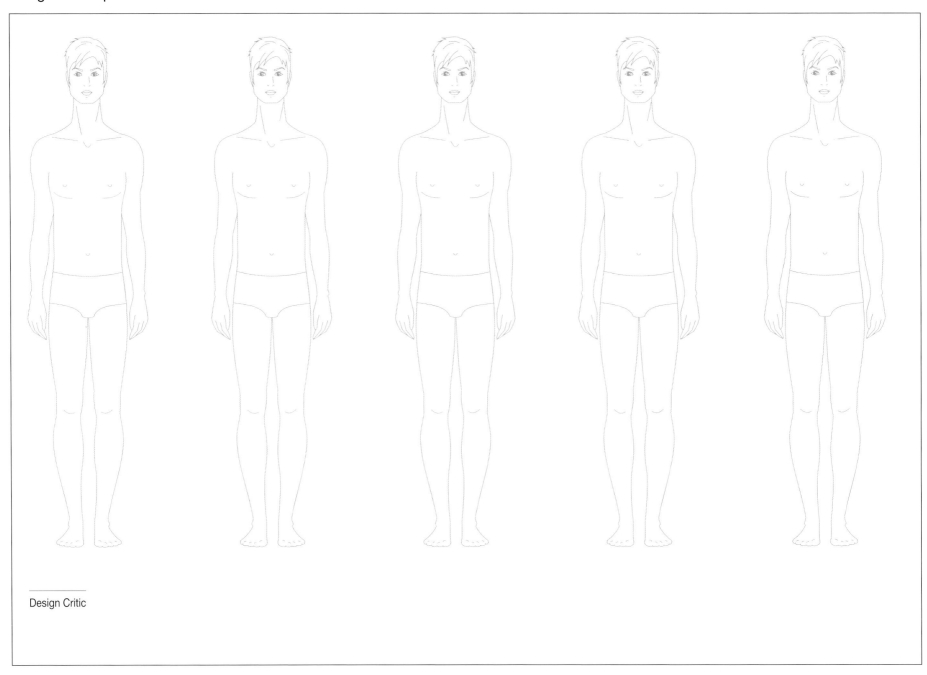

Design Critic

Item Design (Item :   )

Basic	New Basic	Trendy
디자인	디자인	디자인
도식화	도식화	도식화

Item Design (Item :   )

Basic	New Basic	Trendy
디자인	디자인	디자인
도식화	도식화	도식화

Item Design (Item :   )

Basic	New Basic	Trendy
디자인	디자인	디자인
도식화	도식화	도식화

Item Design (Item :   )

Basic	New Basic	Trendy
디자인	디자인	디자인
도식화	도식화	도식화

Styling

Design No.

Flat(F,B)

Style & Detail

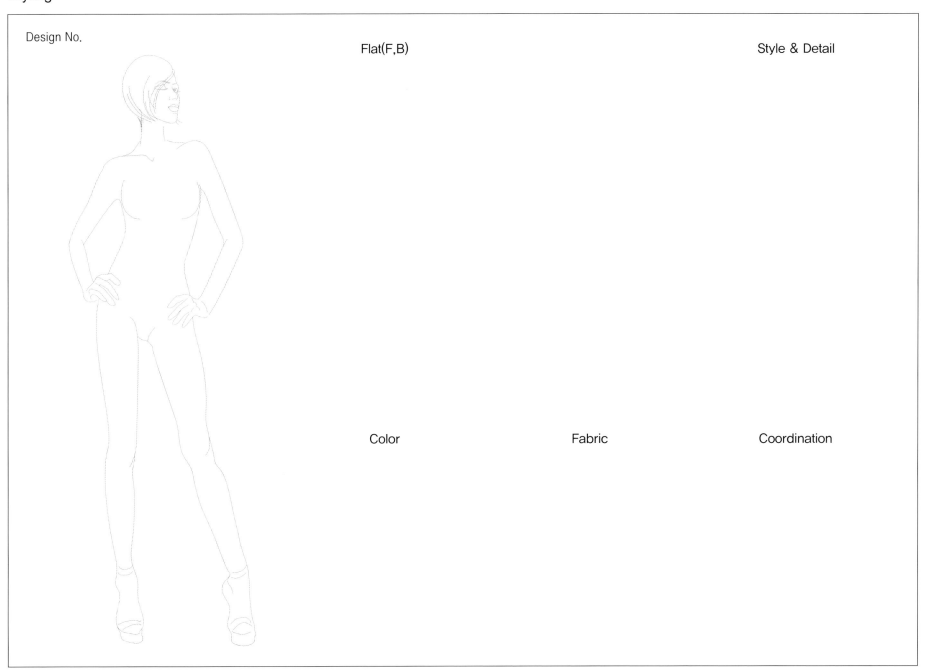

Color

Fabric

Coordination

Styling

Design No.

Flat(F,B)

Style & Detail

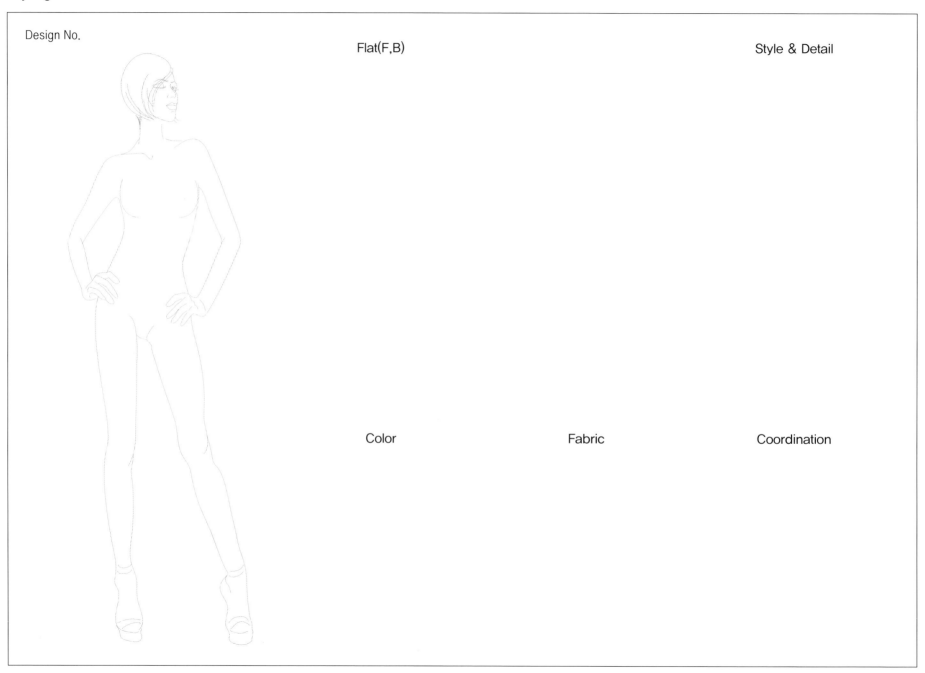

Color

Fabric

Coordination

Styling

Design No.

Flat(F,B)

Style & Detail

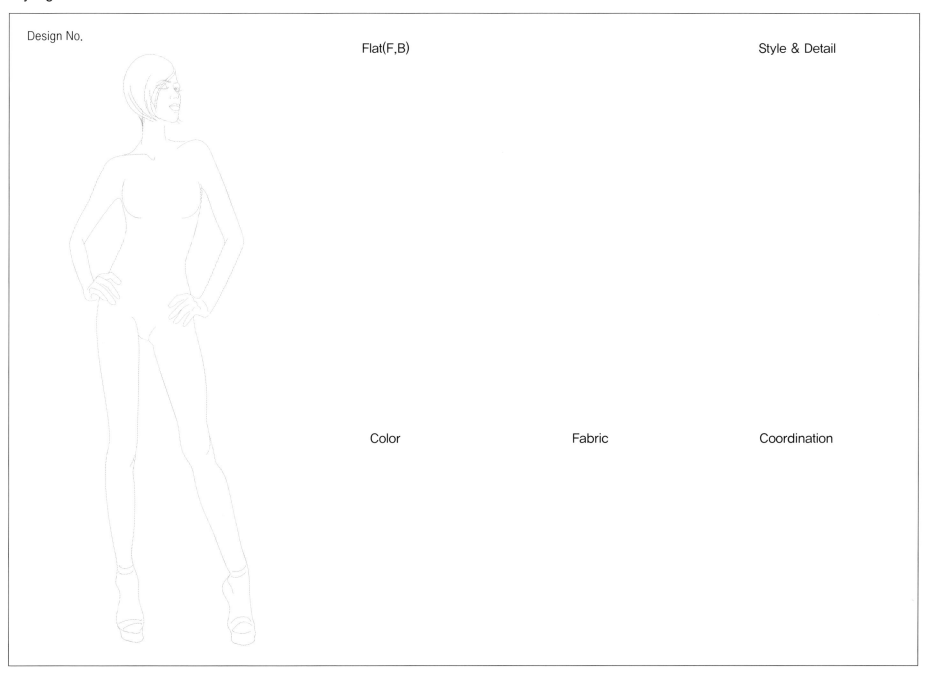

Color

Fabric

Coordination

Styling

Design No.

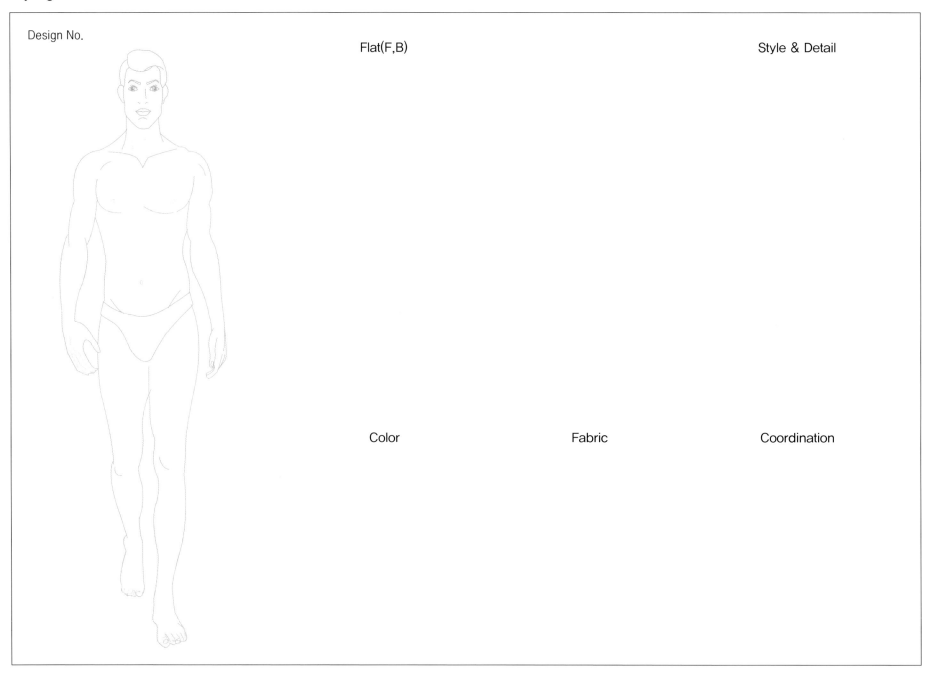

Flat(F,B)

Style & Detail

Color

Fabric

Coordination

Styling

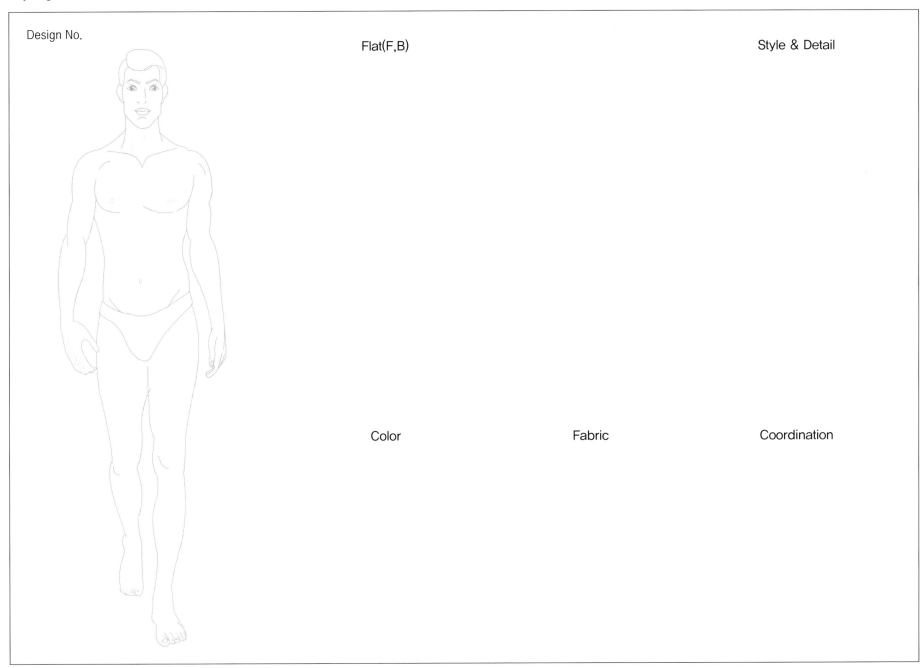

Design No.

Flat(F,B)

Style & Detail

Color

Fabric

Coordination

Styling

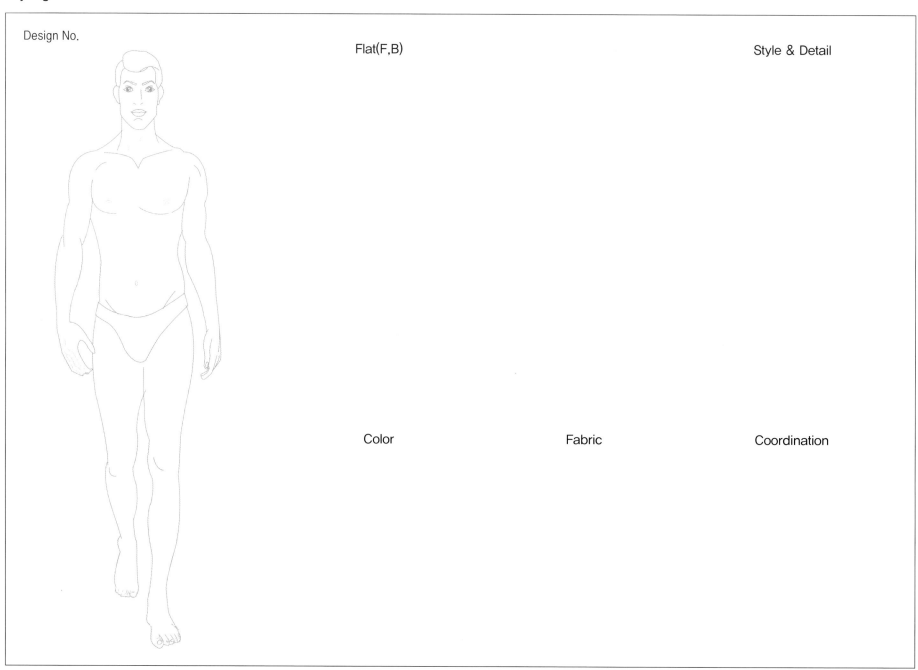

Design No.

Flat(F,B)

Style & Detail

Color

Fabric

Coordination

Brand Logo, Labeling, Tag, Package

Logo

Package

Labeling

Tag

Design Critic

브랜드 디자인 플러스 발상과 전개의 예

1) 역사성을 소스로 한 브랜드 플러스(+) 디자인 발상

Creative Plus Design Practice

Name	PRELIN 프렐린	Logo	PRELIN
Identity	30-40대 직장 여성인을 위한 세련되고 우아한 오피스룩		
Theme	History of Women's right 서프러제트 여성참정권 운동가들과 세계 2차대전에 참전한 여성들의 패션		
Style (Silhouette & Detail)	X자 실루엣, 오버핏 숄더		
Color & Combination	아르누보 패턴의 컬러에서 영감 Ton on Ton, Ton in Ton Combination 밀리터리 컬러: 카키, 브라운, 베이지, 네이비		
Texture /Pattern	개버딘, 리넨, 트위드 등 러프하고 하드한 소재와 면, 실크, 시폰의 부드러운 소재의 믹스매치		
Accessory	실용적이고 우아한 스퀘어백, 베레모, 군용모자, 볼드한 악세사리		
Fashion Coordination			

Brand Image (Before → Renewal)

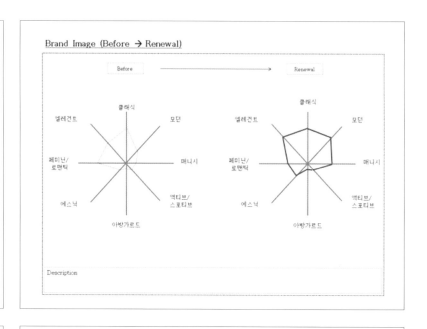

Description

Theme Image Map

Description
History of Women's right
서프러제트 여성참정권 운동가들과 세계 2차대전에 참전한 여성들의 패션에서 영감을 받았다.

Silhouette

Description
당시 여성들의 직선적인 수트 실루엣과 스커트 블라우스의 X자형 실루엣
남성들의 파워숄더 형태의 재킷

Color Image Map

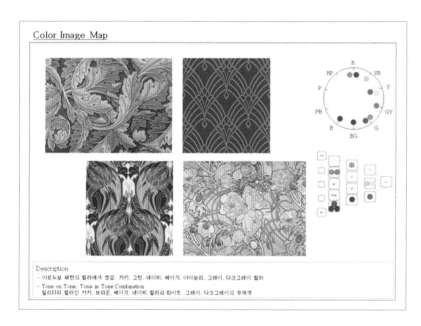

Description
- 아르누보 패턴의 컬러에서 영감. 카키, 그린, 네이비, 베이지, 아이보리, 그레이, 다크그레이 컬러
- Tone on Tone, Tone in Tone Combination
  밀리터리 컬러인 카키, 브라운, 베이지, 네이비 컬러와 화이트, 그레이, 다크그레이의 무채색

Texture & Pattern

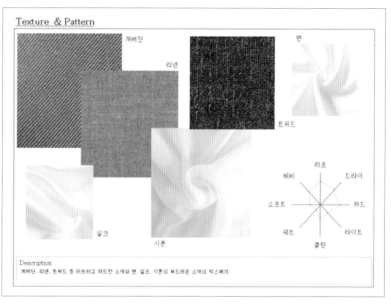

Description
개버딘, 리넨, 트위드 등 러프하고 하드한 소재와 면, 실크, 시폰의 부드러운 소재의 믹스매치

Accessory

Flower hat

Description
실용적이고 우아한 스퀘어백, 베레모, 군용모자, 볼드한 액세서리, 편안한 플랫
슈즈

Style Map

Description
팬츠, 스커트의 수트 스타일
직선적인 실루엣이 많이 나타난다

Detail Map

Description
드레이프와 다양한 형태의 플리츠
타이포 프린팅

Design
Development 1

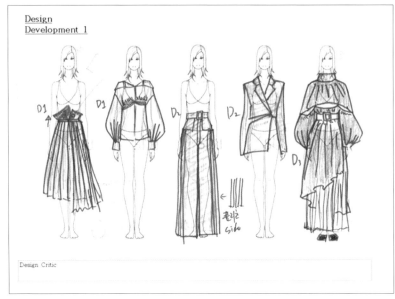

Design Critic

Design
Development 2

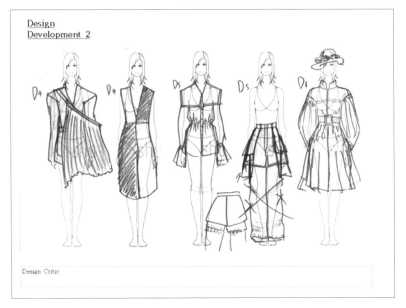

Design Critic

Design
Development 3

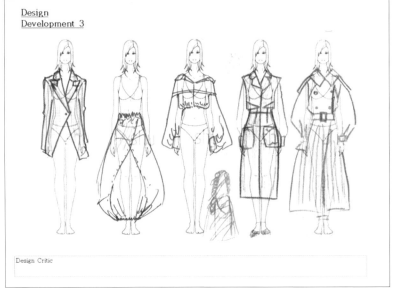

Design Critic

Coordination Styling

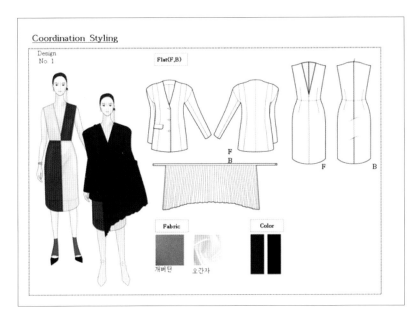

Design No. 1

Flat(F,B)

F
B
F
B

Fabric
개버딘 오간자

Color

Coordination Styling

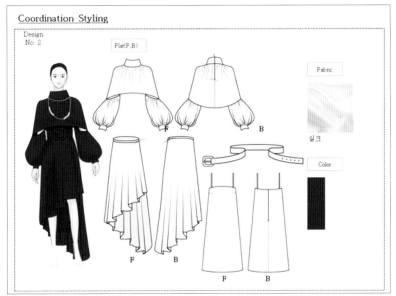

Design No. 2

Flat(F,B)

F
B
F
B

Fabric
실크

Color

Coordination Styling

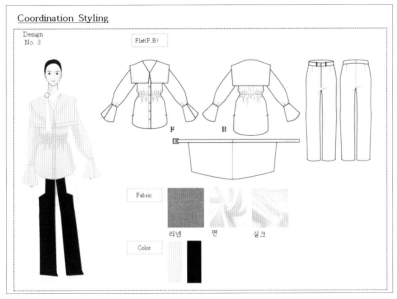

Design No. 3

Flat(F,B)

F
B

Fabric
리넨 면 실크

Color

Item Design

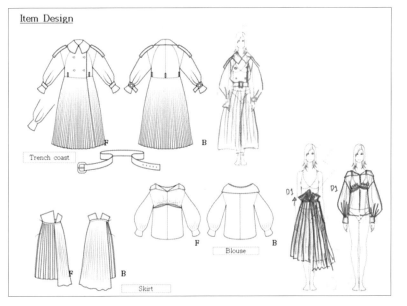

Trench coast

F
B

Blouse

F
B

Skirt

F
B

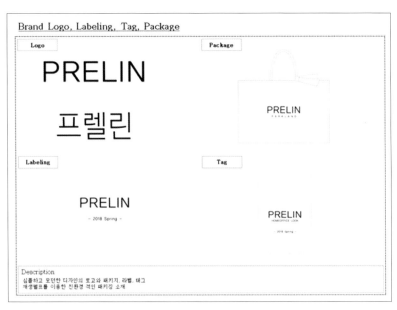

Brand Logo, Labeling, Tag, Package

Logo

PRELIN

프렐린

Package

PRELIN

Labeling

PRELIN

- 2018 Spring -

Tag

PRELIN

Description
심플하고 모던한 디자인의 로고와 패키지, 라벨, 태그
재생펄프를 이용한 친환경 적인 패키징 소재

자료: 이인호 학생 작품

2) 인공조형을 소스로 한 브랜드 플러스(+) 디자인 발상

Creative Plus+ Design Practice

Name	돌실나이	Logo	The 돌실
Identity	인공조형에 의한 디자인 발상으로 건축 중에서도 우리에게 가장 친숙하고 편안한 느낌을 주는 한옥의 미를 통해 동양적인 감성을 나타내고자 하였다.		
Theme	사람과 자연의 조화를 중시했던 우리 문화의 특성을 보여주는 한옥 구조 창을 통해 바라보는 여유와 이상을 바탕으로 생성된 미적 경외감		
Style (Silhouette & Detail)	처마의 부드러운 곡선의 실루엣 한옥의 여유로움을 오버스타일의 구조적형태를 강조 단순한 실루엣을 기본으로 볼륨감 있는 구조		
Color & Combination	한옥의 주 재료인 나무, 돌, 흙, 기와, 종이 등 자연 친화적 컬러로 튀는 색상보다는 낮은 채도의 단조로운 컬러		
Texture /Pattern	한옥에서 볼 수 있는 창호/돌담/단청 문양을 활용 한옥이 현대생활과 조화롭게 어울리는 점에서 천연섬유와 합성섬유를 혼방하여 사용		
Accessory	전통 가구를 재해석한 악세사리		
Fashion Coordination	원피스 코디와 상하의 코디/ 상의는 셔츠의 느낌과 아우터의 느낌을 동시에 주어 실용성을 높임		

Brand Image (Before ⟶ Renewal)

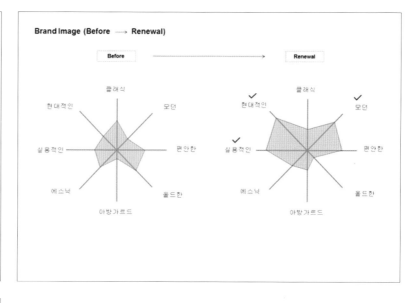

Theme Image Map

창을 통해 바라보는 여유와 이상을 바탕으로 생성된 미적 경외감   사람과 자연의 조화를 중시했던 우리 문화의 특성을 보여주는 한옥 구조

Silhouette

처마의 우아한 곡선미를 자연속에 스며드는 단순함의 미학으로 표현   동양적인 감성이 나타나는 심플한 라인

Color Image Map

한옥의 주 재료인 나무, 돌, 흙,   튀는 색상을 사용하기보다는
기와, 종이 등 자연 친화적 컬러   낮은 채도의 단조로운 컬러

Color

내추럴한 뉴트럴 컬러

자연의 파스텔화

Texture & Pattern Image Map

창의 살을 통한
전통 '창호' 무늬

각기 다른 형태의 돌을
쌓아 올린 한국의 전통 '돌담'

한국의 고유한 문양과 선을
표현한 '단청'

Texture & Pattern

한옥의 자연적인 재료에서 영감을 받은
린넨/면 등의 천연섬유

그러나 전통적인 우리의 가옥이 현대생활과 조화롭게
어울리는 점에서 다양한 합성섬유를 혼방하여 사용

Detail Map

한옥의 여유로움을 오버스타일의 구조적형태를 강조
한옥의 여백과 포용의 정신이 드러나는 랩 스타일

처마의 부드러운 곡선의 실루엣
단순한 실루엣을 기본으로 볼륨감 있는 구조

Accessory

전통 가구를 재해석한 악세사리
한옥의 곡선미를 버선코로 표현

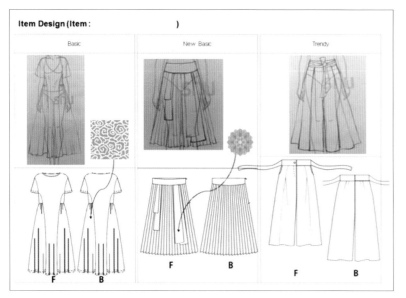

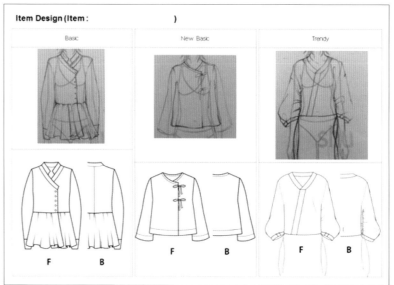

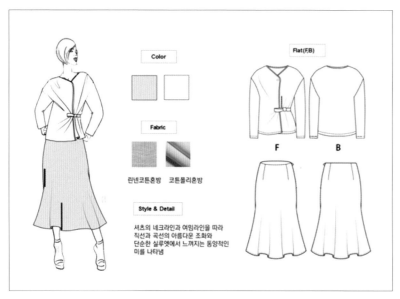

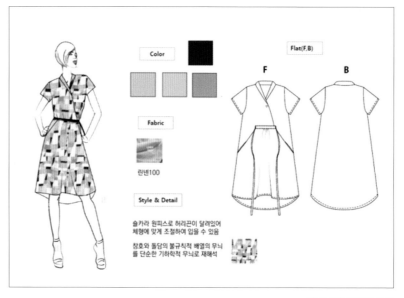

뉴 브랜드 디자인 기획에 앞서 기존 브랜드 디자인에 대한 조사 및 분석과 이를 변화·발전시키는 디자인 기획 프로세스를 경험해 보았다. 여기서는 자신만의 뉴 브랜드 디자인 기획에 도전해 봄으로써 예비 디자이너로서의 디자인 기획 능력을 키워 보자.

먼저 뉴 브랜드의 디자인 콘셉트(concept)를 설정한다. 브랜드의 아이덴티티, 즉 브랜드가 지향하는 방향이나 성격, 이미지를 말하는 콘셉트는 타 브랜드와의 차별화가 되기도 한다. 명확한 콘셉트가 설정되면 디자인 개발을 위해 시즌 트렌드 정보를 수집하고 분석하여 이를 바탕으로 시즌 테마를 정한다. 각 테마의 콘셉트에 따라 이미지, 소재, 색채, 형태 및 디테일, 액세서리 등의 방향을 맵을 통해 시각화 시키고 디자인으로 구체화한다.

평소에 독서나 여행을 통해 다른 문화와 친숙해지거나 음악이나 미술, 건축 등 다른 예술 분야에 대해 관심을 가지는 것은 디자이너로서의 감성을 키우는 데 도움이 된다. 다방면에 걸친 관심과 이해는 창의적인 발상을 이끌어내는 데 필요하다.

브랜드 아이덴티티를 유지하면서 시즌 콘셉트에 따른 디자인 전개는 트렌드가 반영됨으로써 상품성이 높아진다. 디자인 발상에 앞서 시즌에 유행할 컬러, 소재, 패턴, 형태, 아이템, 디테일, 스타일링 방법 등을 고려해야 한다. 여기에 체크리스트법, 형태분석법 등의 디자인 발상 방법을 적용하거나 균형, 비례, 통일, 리듬, 강조 등의 디자인 원리를 활용하여 디자인을 전개 해보는 방법적인 측면에서의 다양한 시도가 필요하다.

뉴 브랜드 디자인 기획

Name		Logo	
Concept			
Theme			
Silhouette & Detail			
Color & Combination			
Texture & Pattern			
Accessory			
Fashion Coordination			

Design Image

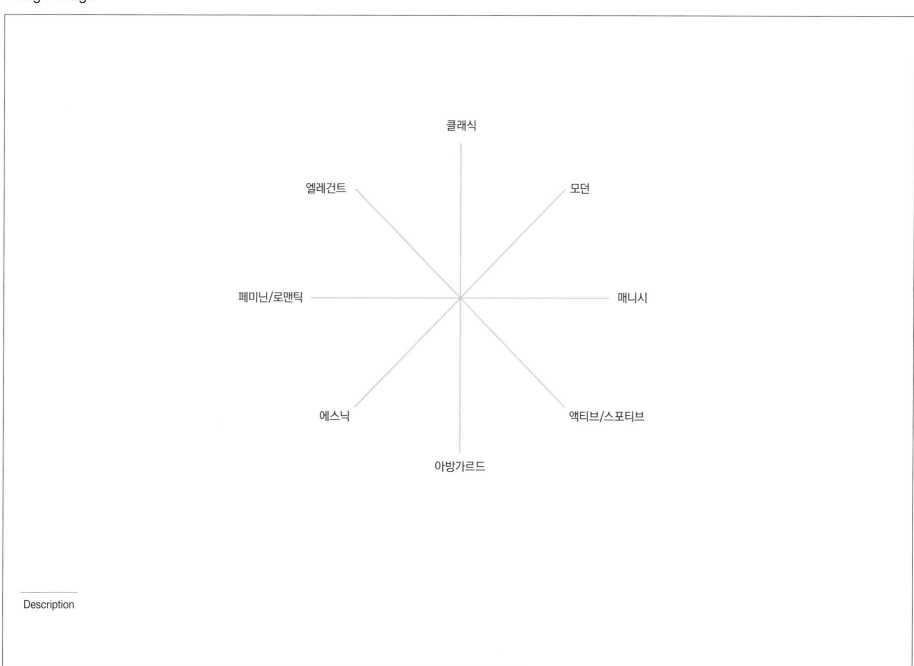

클래식

엘레건트   모던

페미닌/로맨틱   매니시

에스닉   액티브/스포티브

아방가르드

Description

Theme Image

Description

Color Image

Description

Color Chart

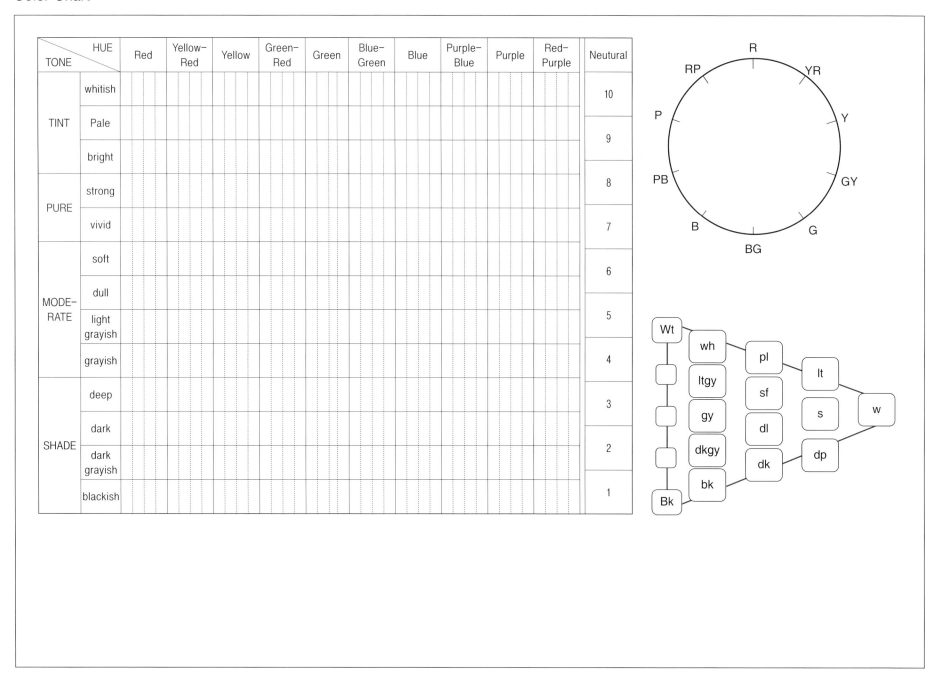

TONE \ HUE		Red	Yellow-Red	Yellow	Green-Red	Green	Blue-Green	Blue	Purple-Blue	Purple	Red-Purple	Neutural
TINT	whitish											10
TINT	Pale											9
TINT	bright											8
PURE	strong											8
PURE	vivid											7
MODE-RATE	soft											6
MODE-RATE	dull											5
MODE-RATE	light grayish											5
MODE-RATE	grayish											4
SHADE	deep											3
SHADE	dark											2
SHADE	dark grayish											2
SHADE	blackish											1

Texture & Pattern

Description

Style

Description

Detail

Description

Accessory

Description

Design Development

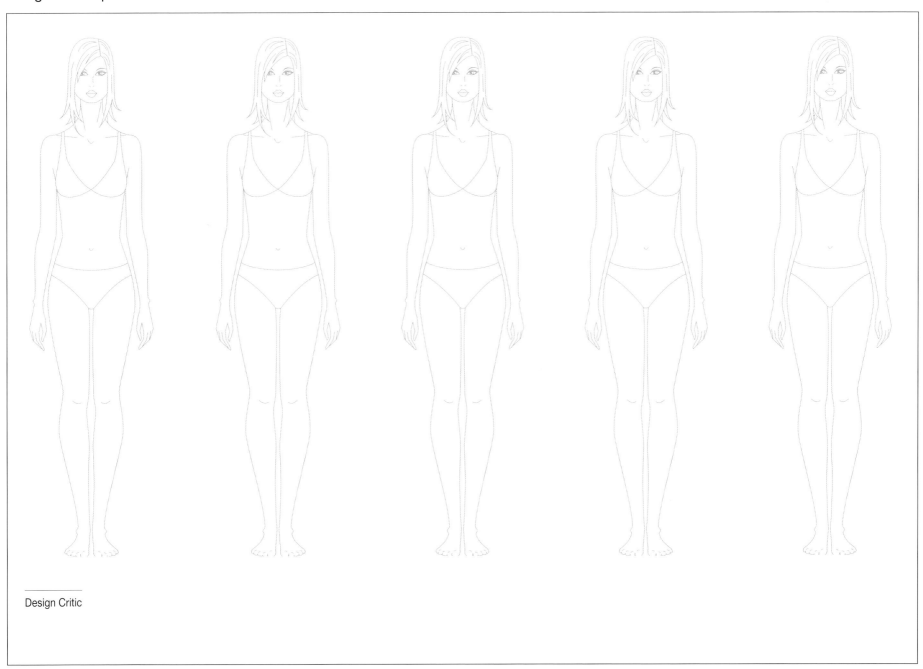

Design Critic

Design Development

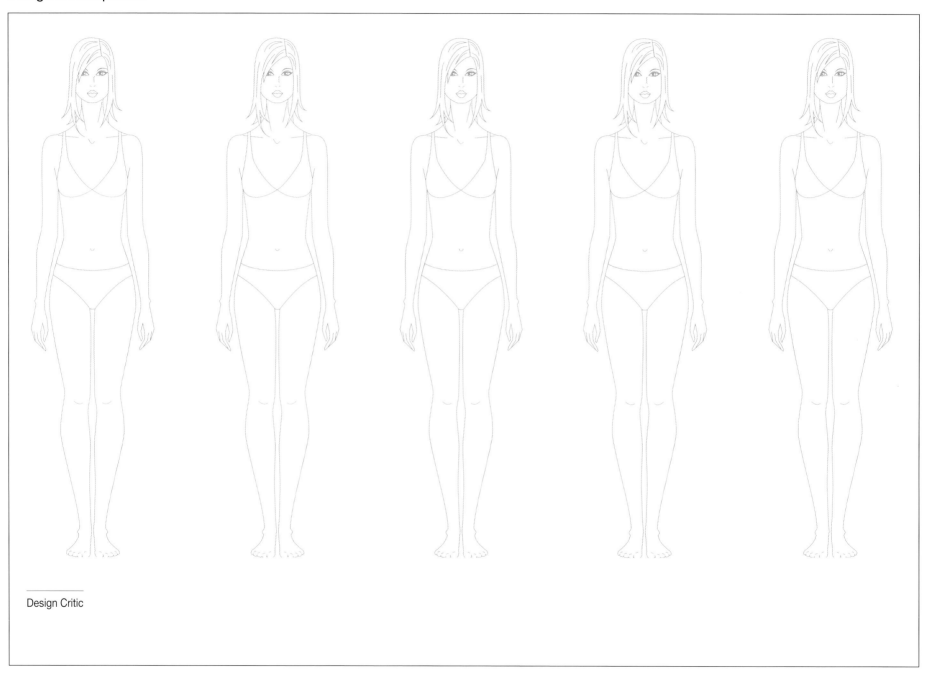

Design Critic

Design Development

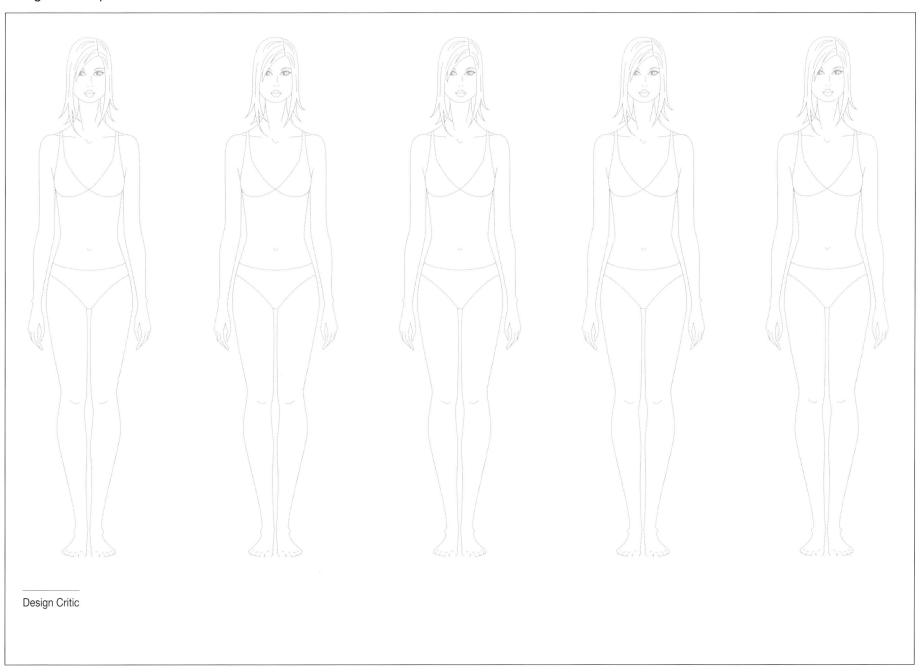

Design Critic

Design Development

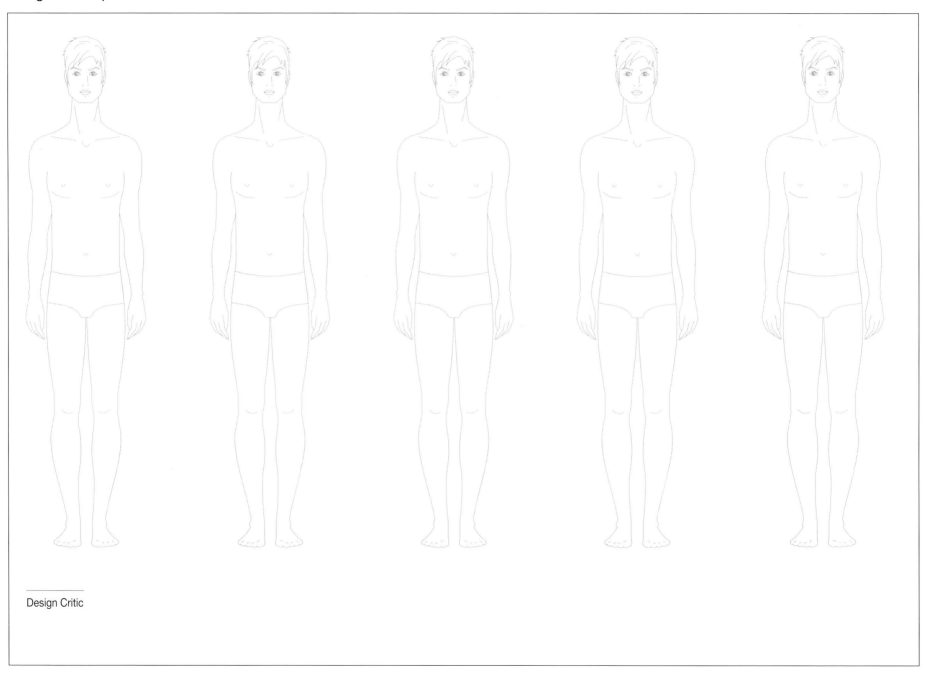

Design Critic

Design Development

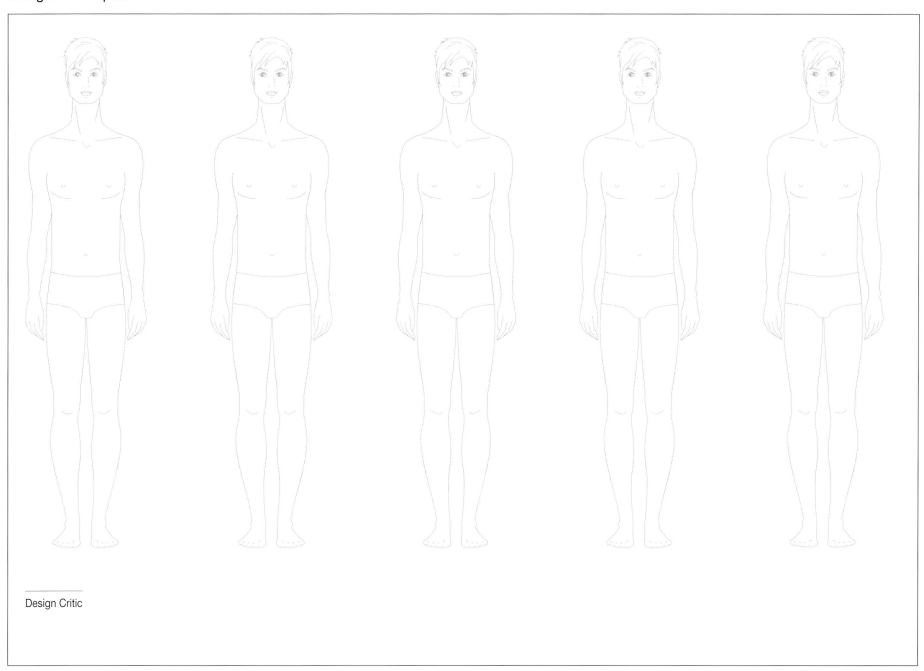

Design Critic

Design Development

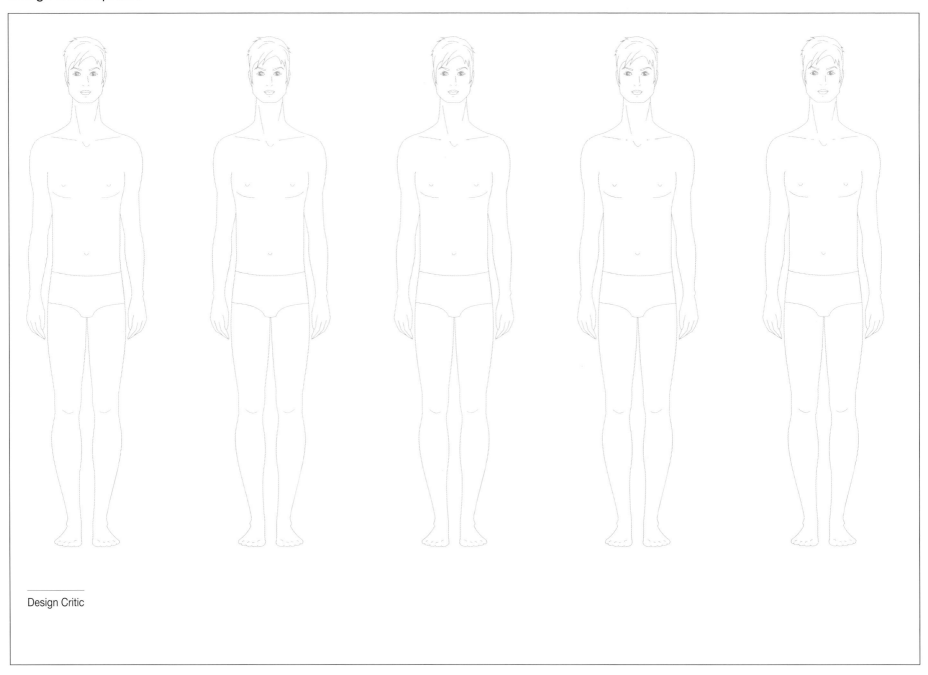

Design Critic

Item Design (Item :   )

Basic	New Basic	Trendy
디자인	디자인	디자인
도식화	도식화	도식화

Item Design (Item :   )

Basic	New Basic	Trendy
디자인	디자인	디자인
도식화	도식화	도식화

Item Design (Item :   )

Basic	New Basic	Trendy
디자인	디자인	디자인
도식화	도식화	도식화

Item Design (Item :   )

Basic	New Basic	Trendy
디자인	디자인	디자인
도식화	도식화	도식화

Styling

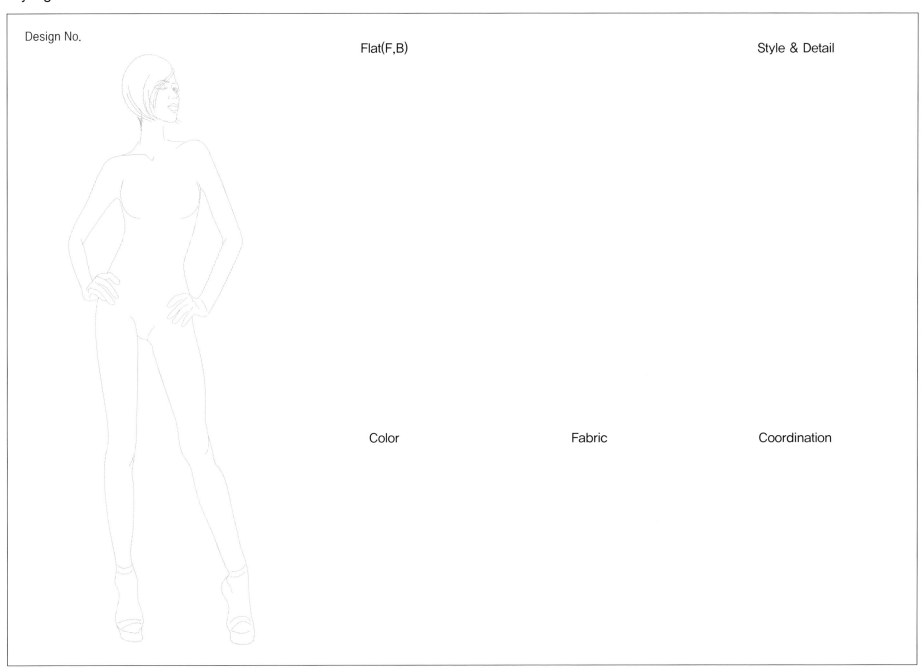

Design No.

Flat(F,B)

Style & Detail

Color

Fabric

Coordination

Styling

Design No.

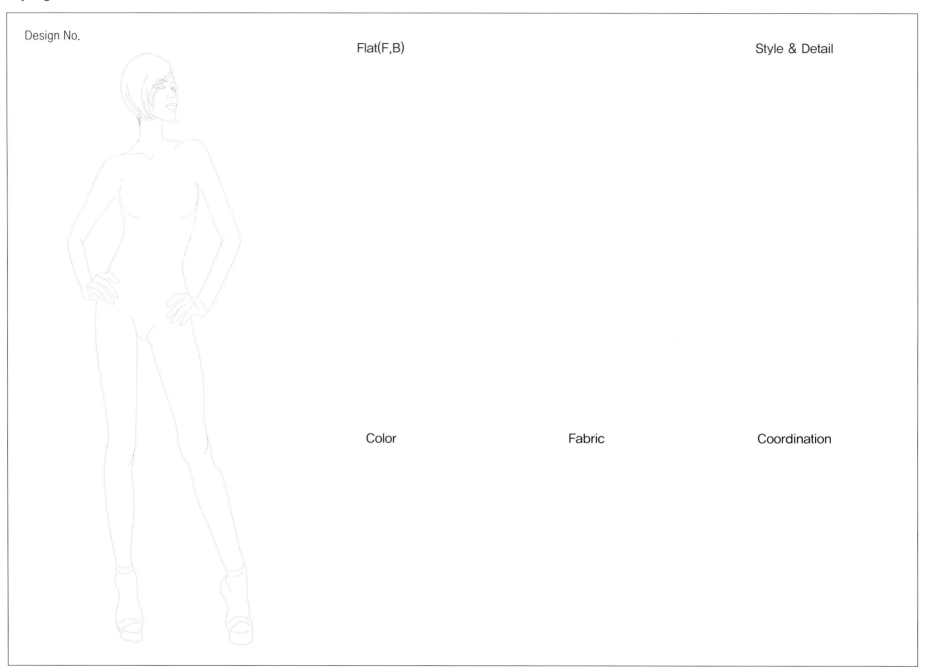

Flat(F,B)

Style & Detail

Color

Fabric

Coordination

Styling

Design No.

Flat(F,B)

Style & Detail

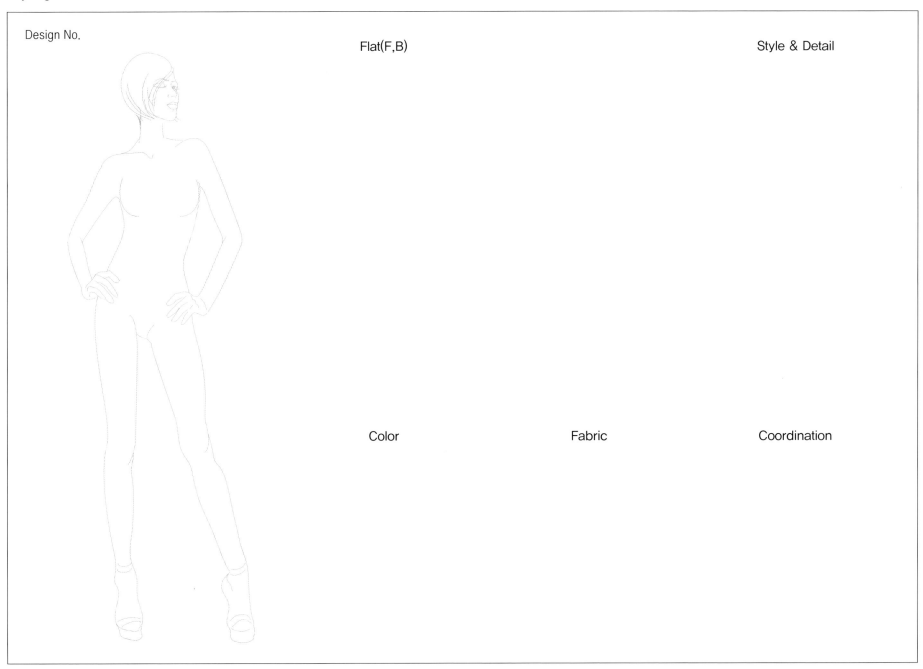

Color

Fabric

Coordination

Styling

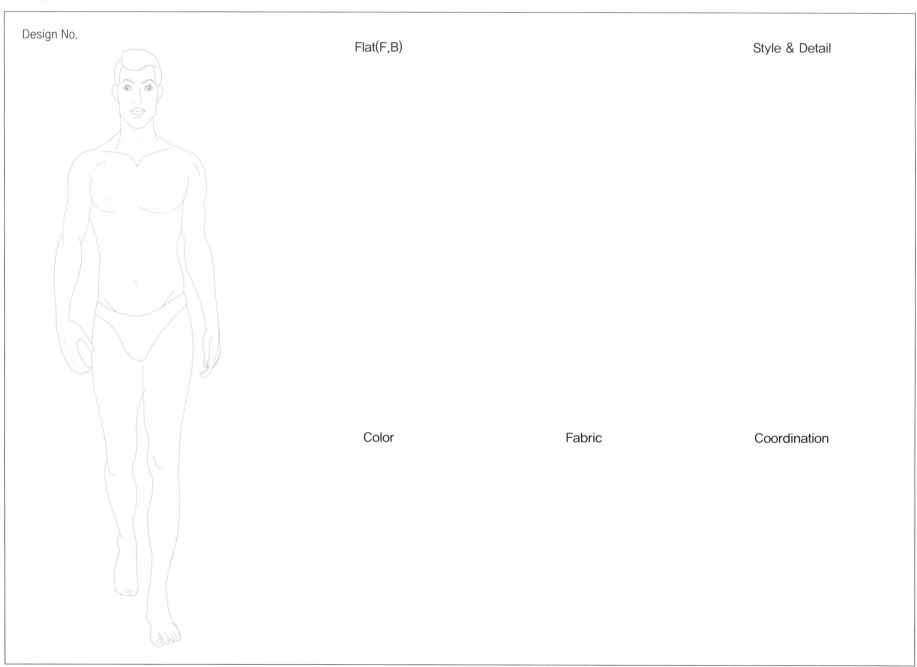

Design No.

Flat(F,B)

Style & Detail

Color

Fabric

Coordination

Styling

Design No.

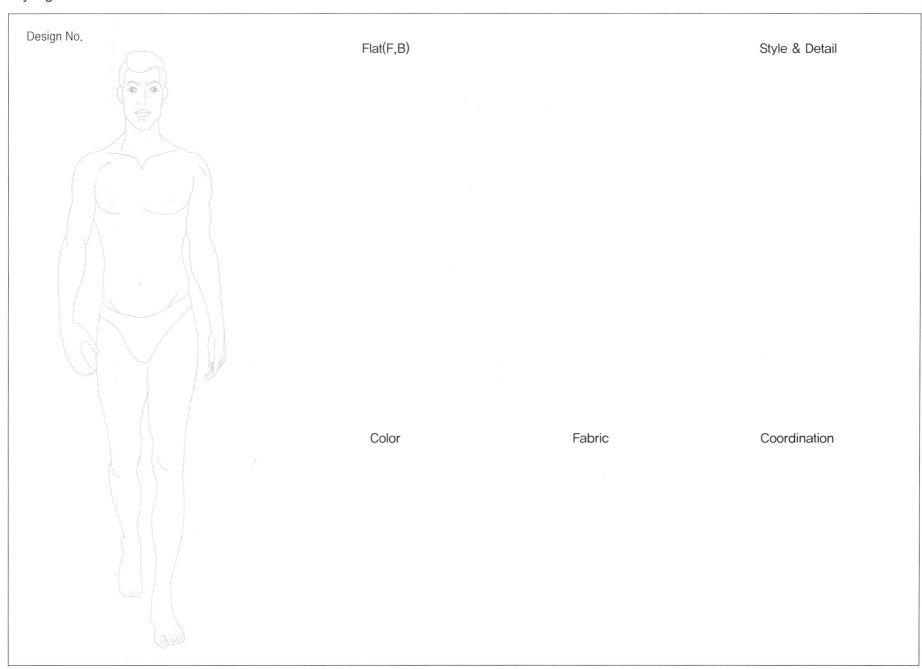

Flat(F,B)

Style & Detail

Color

Fabric

Coordination

Styling

Design No.

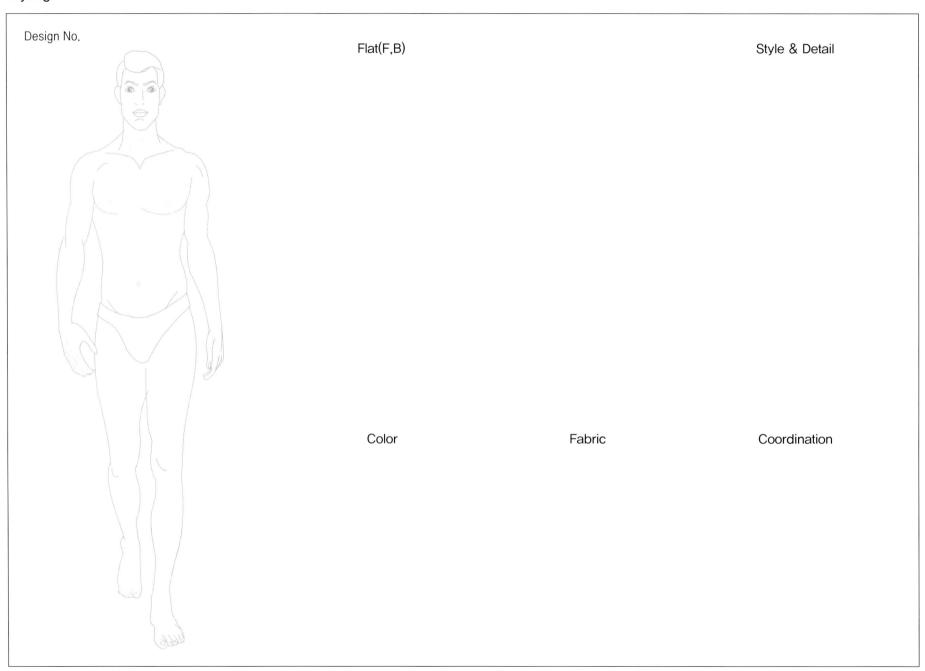

Flat(F,B)

Style & Detail

Color

Fabric

Coordination

Brand Logo, Labeling, Tag, Package

Logo	Package
Labeling	Tag

Design Critic

Sample 작업지시서

	월 일
투입일자	월 일
완성일자	월 일
견본번호	

상세도해

메인원단	
배색원단	

품명	생산처		
결제	D/S	팀장	실장
	지시	생산	비고

제품명세

상의	총장	
	어깨	
	Bust	
	Waist	
	Hip	
	소매통	
	소매기장	
의	상의장	
	소매기장	
조	Bust	
	Waist	
끼	상의장	
	소매기장	
슬	상의장	
	Hip	
	Waist	
슬랙스	부리	
	밑위장	
	Hip	
스커트	하의장	
	Hip	
	Waist	

부자재

작업	비고	규격	소요량
품번			
카라			
카라단			
오비성			
안감			
기타			
테잎			
지퍼			
패드			
봉사			
단추			
라벨			
마이깡			
스냅			
단추구멍		1"당 땀	
비고			

Sample 작업지시서

결재	D/S	팀장	실장

투입일자	월 일
완성일자	월 일
견본번호	

제품명세

품명				지시	생산	비고
생산처						

상	총장					
	어깨					
	Bust					
	Waist					
	Hip					
	소매기장					
의	소매통					
	상의장					
조	어깨					
	Bust					
	Waist					
끼	소매기장					
	상의장					
슬	Waist					
랙	Hip					
스	하의장					
	부리					
스	Waist					
커	Hip					
트	하의장					

부자재

	비고	규격	소요량
적요			
몸판			
카라			
카후라			
오비싱			
기타			
안감			
테입			
지퍼			
패드			
봉사			

단추			
라벨			
마이깡			
스냅			
단추구멍			
땀수	1"당	땀	비고

상세도해

배색원단

메인원단

Sample 작업지시서

	년	월	일
투입일자			
완성일자			
견본번호			

상세도해

메인원단

배색원단

		품명		생산처		결재	D/S	팀장	실장

			지시	생산	비고
		제품명세			
상의	총장				
	어깨				
	Bust				
	Waist				
	Hip				
	소매기장				
	소매통				
	상의장				
조끼	상의장				
	소매기장				
	Waist				
	Bust				
	어깨				
슬랙스	상의장				
	Waist				
	Hip				
스커트	밑위장				
	부리				
	Hip				
	Waist				
	하의장				

	비고	규격	소요량
부자재			
작업			
품땀			
카라			
가봉라			
오바성			
기타			
인감			
테입			
지퍼			
배드			
봉사			
단추			
라벨			

		1"당	몇땀
마이깡			
스냅			
단추구멍			
암수			
비고			

뉴 브랜드 디자인 기획의 예

1) 뉴 브랜드(Artic) 디자인 기획 [소스(source) – 회화]

Design Image

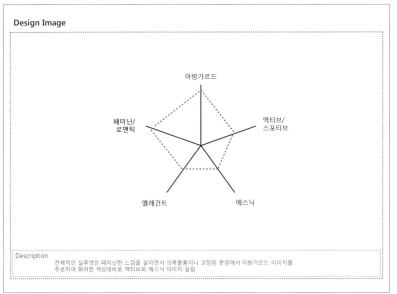

Description 전체적인 실루엣은 페미닌한 느낌을 살리면서 의복볼륨이나 과장된 문양에서 아방가르드 이미지를 주로하여 화려한 색상대비로 액티브와 에스닉 이미지 살림

Creative Plus+ Design Practice

Name	Artic (아르띠끄)	Logo	**ArTic**
Identity	회화의 아트요소를 패션에 녹아내는 열정		
Theme	The Passion between Art and Fashion		
Style (Silhouette & Detail)	avant-garde & feminine		
Color & Combination	vivid tone, Black, Pink, Red, Green, Yellow, Blue, Orange		
Texture /Pattern	Satin, Silk, chiffon		
Accessory	Bag & Shoes		

Theme Image Map

Description 그라피티와 팝 아트의 회화적 요소에서 영감을 받음
대중적인 팝 아트의 자유로운 이미지를 개성있는 고급스러움과 화려함으로 표현하고자 함

Silhouette

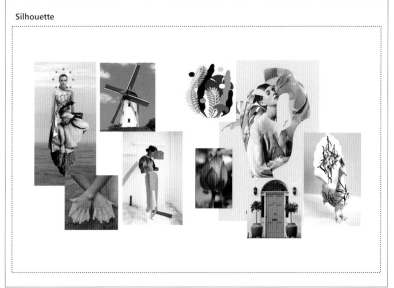

Color Image Map

Texture & Pattern Image Map

Texture & Pattern

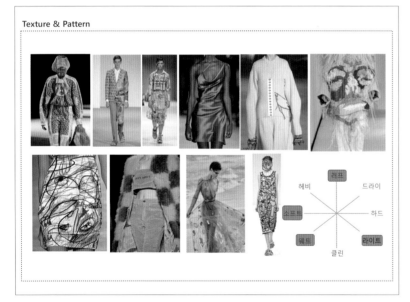

러프

헤비　　　드라이

소프트　　　하드

웨트　　　라이트

클린

Style Map

Design Development

Design Development

Item Design (Item : One piece)

Basic	New Basic	Trendy
F　　　B	F　　　B	F　　B　F　B

Item Design (Item : Two piece)

Basic	New Basic	Trendy
		밴드허리
F　　　B　F　　　B	F　　　B	B　　F　　B

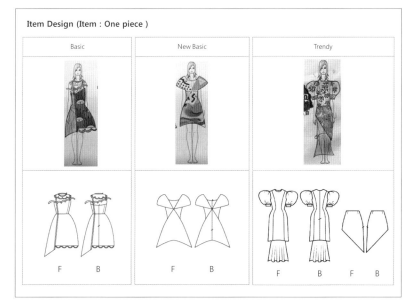

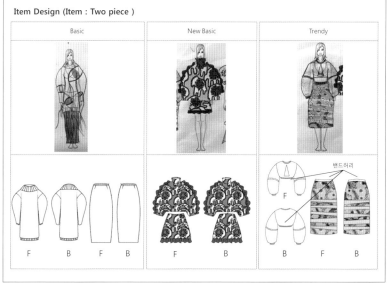

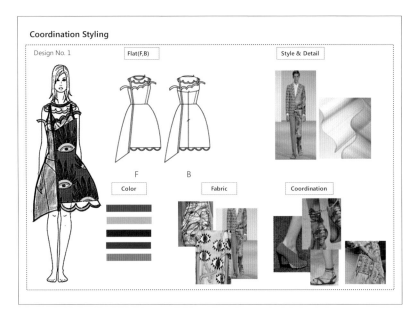

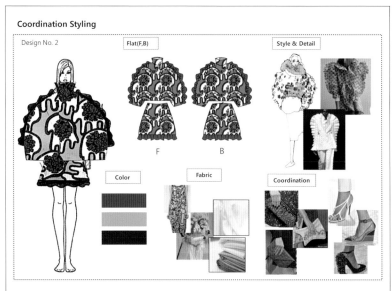

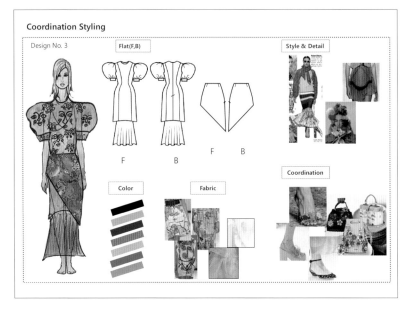

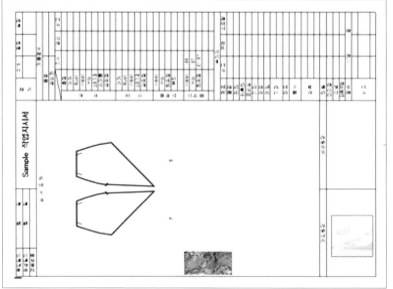

자료: 조희경 학생 작품

2) 뉴 브랜드(glsyjw) 디자인 기획 [소스(source) – 인공조형]

Brand Image

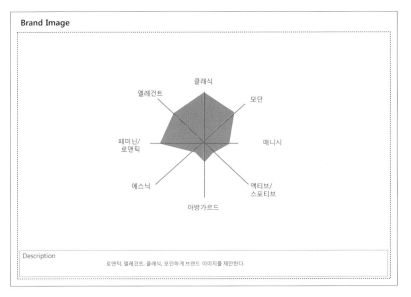

Description

로맨틱, 엘레건트, 클래식, 모던하게 브랜드 이미지를 제안한다.

Creative Plus+ Design Practice

Name	glow syj	Logo	**glsyjw**
Identity	바쁜 하루를 보내는 시크한 도시여성을 위한 옷		
Theme	인공조형 (modern, urban chic, wood, sculpture + simple)		
Style (Silhouette & Detail)	볼륨, 오버사이즈, 박시, 와이드		
Color & Combination	beige, black, khaki, white, brown, grey		
Texture /Pattern	hard & soft		
Accessory	simple		
Fashion Coordination	Urban chic + eco		

Theme Image Map

Description modern Urban chic wood Sculpture + simple

Theme Image Map

Description modern Urban chic wood Sculpture + simple

Color Map

Description
beige black khaki white brown grey

Texture & Pattern Map

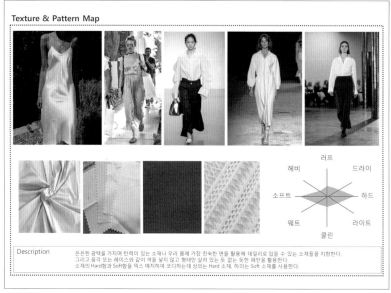

러프
헤비   드라이
소프트   하드
웨트   라이트
클린

Description
은은한 광택을 가지며 탄력이 있는 소재나 우리 몸에 가장 친숙한 면을 활용해 데일리로 입을 수 있는 소재들을 지향한다.
그리고 음각 또는 레이스와 같이 색을 넣지 않고 형태만 살려 있는 듯 없는 듯한 패턴을 활용한다.
소재의 Hard함과 Soft함을 믹스 매치하며 코디하는데 상의는 Hard 소재, 하의는 Soft 소재를 사용한다.

Detail Map

Description
다양한 포켓 디자인과 아주 약간의 셔링, 자수 기법으로 옷에 디테일 포인트를 준다.

Style Map

Description
오버 핏, 박시 그리고 와이드 등 원래의 본인 사이즈보다 볼륨 있는 스타일을 제안한다.
모던함과 세련미를 갖추면서도 넉넉한 핏을 살려, 편하면서도 센스 있는 스타일을 연출할 수 있다.
특히 통이 넓은 팬츠, 롱 스커트를 활용해 로맨틱한 이미지를 살려준다.

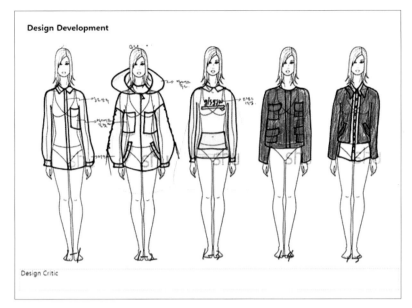

Design Critic

Design Development

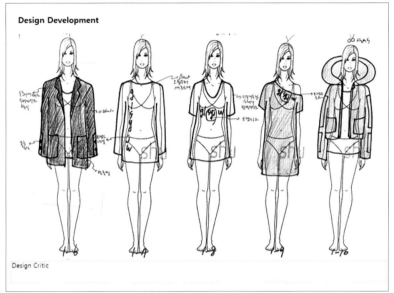

Design Critic

Design Development

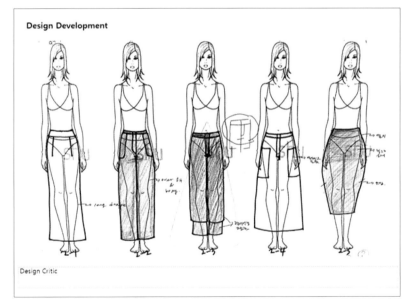

Design Critic

Design Development

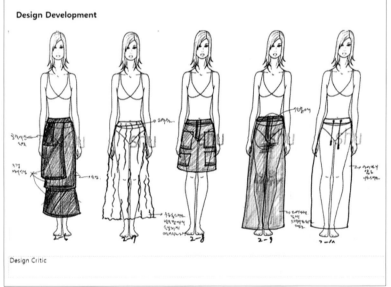

Design Critic

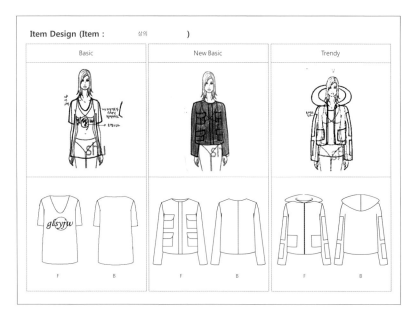

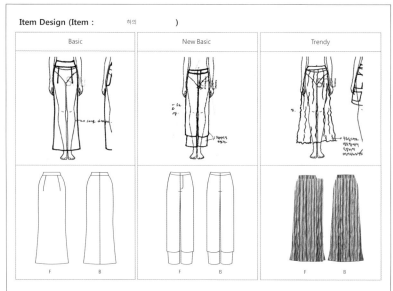

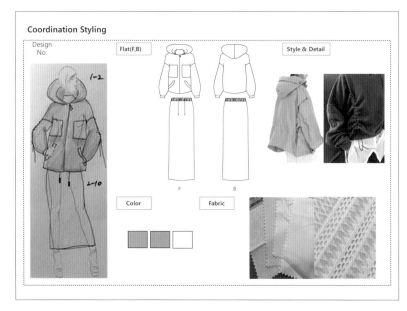

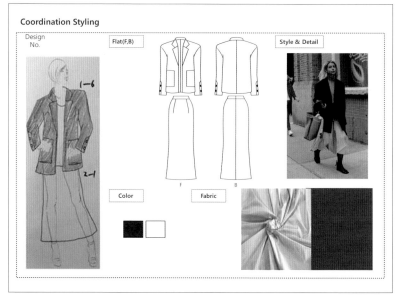

Coordination Styling

Design No.

Flat(F,B)

Style & Detail

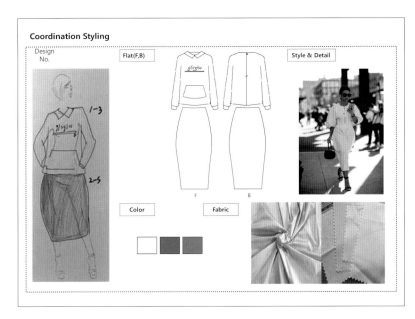

F   B

Color

Fabric

Brand Logo, Labeling, Tag, Package

Logo

glsyjw

Package

Labeling

Tag

Description   브랜드 네임을 활용한 깔끔한 디자인의 로고를 사용한다. 모던한 분위기를 담아 내기 위해서 logo, labeling, tag, package에는 컬러를 블랙 앤 화이트로 컬러 사용을 최소화하고, 디자인 또한 베이직 하고 심플하게 하여 브랜드의 세련미를 표현해 낸다.

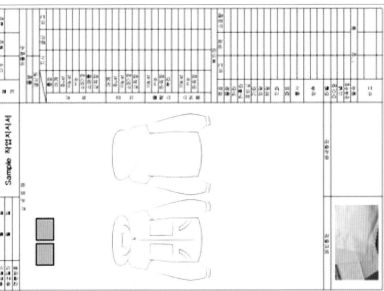

자료: 송윤정 학생 작품

PART 3

컬렉션 디자인

컬렉션(Collection)은 오트 쿠튀르(Haute Couture)나 프레타 포르테(Pret-A-Porter)의 메이커가 시즌에 앞서서 발표하는 작품들 또는 발표회를 말한다. 옷에 의한 예술이라 칭할 정도의 컬렉션을 선보이는 오트 쿠튀르는 연 2회 1월(S/S)과 7월(F/W)에 개최되며, 고급 기성복 박람회인 프레타 포르테는 연 2회 3월(F/W)과 10월(S/S) 즈음에 개최된다. 2000년에 시작된 대한민국 서울패션위크 (http://www.seoulfashionweek.org/)는 파리, 뉴욕, 런던, 밀라노 컬렉션에 이어 세계 5대 패션 위크로의 도약을 위하여 매 시즌 전략적인 비즈니스를 진행하고 있으며 신진 패션디자이너 육성 프로그램을 통해 독특한 시각과 참신한 발상을 선보이는 차세대 디자이너의 등용문 역할을 하고 있다. Part 3은 예비 디자이너로서의 첫발을 내딛는 졸업 패션 컬렉션 디자인의 준비과정을 통해 자신만의 창의적인 패션 감성을 보여줄 수 있도록 하는 취지에서 준비되었다. 졸업 컬렉션을 위한 일련의 과정을 훈련해 봄으로써 예비 디자이너로서의 경험과 능력을 키워 보고 이러한 경험을 자신만의 포트폴리오로 만들어 취업을 위한 소중한 자료로 남겨 보자.

CHAPTER 10 졸업 컬렉션

디자이너가 되기 위한 첫 발을 내딛는 학생들의 졸업 패션 컬렉션은 그 동안 학생들이 학습한 전문적 지식과 재능을 바탕으로 창의적인 디자인과 연출 및 제작 능력 등을 보여주는 종합적인 무대인 동시에 자신의 능력과 비전을 선보이는 장이 된다. 졸업 패션 컬렉션은 졸업 후 취업을 위한 중요한 역할을 할 수 있고 앞으로 향후 개인 브랜드의 근간이 될 수 있다. 자신의 아이디어를 디자인으로 구체화하고 이를 기술적으로 제작해나가야 하는 작업이므로 일련의 과정 속에서 집중과 몰입이 필요하다.

그림 10-1 컬렉션 디자인 프로세스

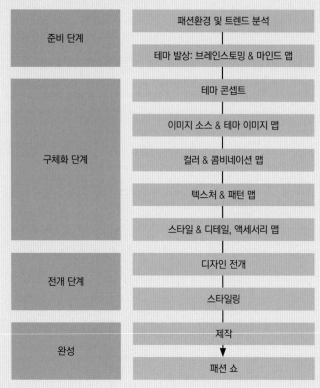

준비 단계

패션 환경 및 트렌드 분석

패션 트렌드는 현재의 패션 시장을 읽고 다가올 변화를 예측하게 한다. 과거와 현재, 미래의 연속선상에서 변화의 흐름을 읽을 수 있으므로 컬렉션을 준비하는 단계에 반드시 필요한 조사 과정이라 할 수 있다. 패션 트렌드에서는 소비자를 중심으로 한 미시적·거시적 환경과 문화와 예술, 가치관과 신소재 동향 등 패션 환경 전반을 읽을 수 있다. 여기서 제안된 핵심 키워드들이 바탕이 되어 시즌 테마가 기획되고 시즌 콘셉트, 스타일, 색채, 소재, 디테일, 액세서리 등 구체적인 방법으로 트렌드가 제안된다.

테마 발상

디자인을 구체화시켜 전개해 나가기 전 어떻게 주제를 선정할 것인지, 그리고 그 선정된 주제에 대해 어떠한 연계성을 가지고 심도 있게 풀어나갈 것인지 고민해 보아야 한다. 테마발상은 먼저 수평적, 발산적 방법을 통해 양적으로 많은 아이디어를 수집하고 얻는 것이 효과적이다. 패션 환경과 트렌드 분석을 통해 얻은 다양한 아이디어 키워드를 자유 연상법의 일종인 브레인스토밍과 마인드 맵을 통해 주제발상에 필요한 아이디어 맵핑을 시도해 보자.

그림 10-2 세계의 졸업 패션쇼

1) 브레인스토밍

브레인스토밍(Brainstorming)은 창의적인 아이디어를 생산하기 위한 학습 도구이자 회의 기법으로 1930년 알렉스 오스본(Alex Faickney Osborn)에 의해 널리 알려졌다. 집단적 창의적 발상 기법으로 집단에 소속된 인원들이 자발적으로 자연스럽게 제시된 아이디어 목록을 통해서 특정한 문제에 대한 해답을 찾고자 노력하는 것을 말한다. 자유로운 발상과 비판을 가하지 않고 다른 사람의 발상을 자기 발상의 도약판으로 활용할 수 있다. 참여자 모두 아이디어를 낼 수 있도록 동일한 기회를 주어 참여의욕을 높이고 더 이상의 아이디어가 나오지 않을 때에는 회의를 중지하고 정리 및 분류 단계로 넘어가거나 또는 다른 참가자에 의해 평가하게 하여 아이디어를 발전시킨다. 졸업 컬렉션을 위한 전체 주제와 개인별 주제를 선정하고자 할 때 무작위, 임의적 방법으로 비판과 평가를 보류하고 최대한 많은 아이디어를 도출할 수 있도록 하는 브레인스토밍 기법은 효과적이다.

2) 마인드 맵

마인드 맵(mind map)은 영국의 토니 부잔(Tony Buzan)이 주장한 이론으로 마음속에 지도를 그리듯이 발산적 사고를 통해 제한 없이 아이디어를 전개하여 짧은 시간동안 다양한 체계적인 발상을 가능하게 하는 자유연상기법이다. 두뇌 속에 저장된 기억들을 동시다발적으로 끄집어내어 순차적으로 관계추출과 결합의 과정을 거쳐 폭넓은 사고를 유도하고 중심주제에 대한 연계성을 가진 연상을 가능하게 한다. 이러한 전이적 특성이 창의적 디자인 발상 과정에 도움을 줄 수 있다. 유사성을 근거하여 계속적으로 아이디어를 떠 올리는 연상 과정은 제시된 주제에 대한 수렴적 사고를 하는데 이상적이다. 브레인스토밍을 통해 얻은 아이디어 중 하나의 키워드를 중심주제로 잡아 이를 연계성 있게 심화시키는데 효과적이다.

그림 10-3 브레인스토밍(상)과 마인드 맵(하)

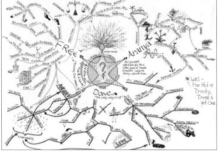

그림 10-4 준비 단계 사례

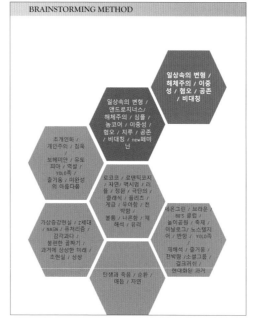

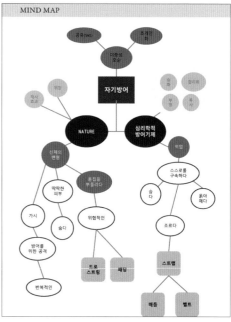

자료: 김보람 학생 작품

구체화 단계

테마 콘셉트

선정된 테마의 전체적인 콘셉트를 정리한다. 테마 스토리, 이미지 소스, 실루엣 & 디테일, 컬러 & 콤비네이션, 텍스처 & 패턴, 액세서리 등 테마 탄생의 배경부터 디자인에 대한 구체적인 방향까지 콘셉트에 대해 풍성하고 명확하게 명시한다.

이미지 소스 & 테마 이미지

테마의 근원이 되는 이미지 소스에 대해 시각적 자료를 구성한다. 또한 이를 바탕으로 좀 더 풍성하고 견고해진 테마 스토리를 이미지 맵을 통해 구성한다. 여기서는 이미지 자체만으로 앞으로 펼쳐질 디자인적 방향이 예측될 수 있도록 시각적 자료의 선택에 있어서 창의적 감성이 필요하다.

컬러 & 콤비네이션

선정된 테마의 컬러 방향을 알 수 있도록 컬러 맵을 구성한다. 컬러 이미지의 소스가 되는 사진은 물론, 메인 컬러, 서브 컬러, 포인트 컬러 및 컬러 조합까지 컬러 웨이를 알 수 있도록 구성한다.

텍스처 & 패턴

소재 이미지의 소스가 되는 사진, 텍스처, 패턴 등 소재 방향을 보여주는 시각적 맵을 구성한다.

스타일 & 디테일 및 액세서리

패션 정보업체에서 제공하는 자료나 유명 패션 컬렉션 자료들을 통해 테마 콘셉트의 방향을 알 수 있는 스타일, 디테일, 액세서리 맵을 구성한다.

그림 10-5 구체화 단계 사례

자료: 김보람 학생 작품

전개 단계

디자인 전개

주제에 맞는 다양한 디자인 전개를 시도해보는 단계이다. 발상 중간 중간에 크리틱 과
정을 통해 디자인을 보완 및 발전시켜 나간다. 디자인 전개와 크리틱 과정을 반복하면
서 주제에 적합한 최상의 디자인을 선정한다.

그림 10-6 디자인 전개 사례

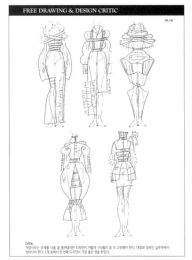 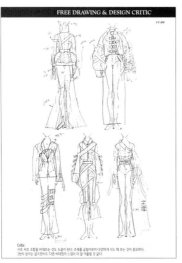   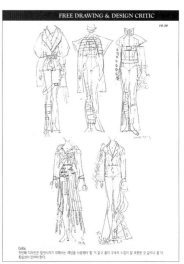

자료: 김보람 학생 작품

스타일링

최종 선정된 디자인에 대해 제작을 위한 최종 디자인 점검 단계이다. 여기서는 디자인 각각에 대한 앞뒤 도식화와 함께 컬러와 소재, 디테일이 정확하게 제시되고 액세서리가 제안되면서 쇼에 오르는 작품에 대한 전체적인 스타일링이 명확하게 제시 되는 단계이다.

그림 10-7 스타일링 사례

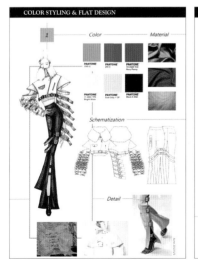 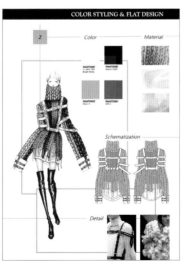 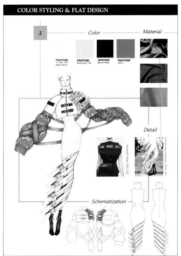 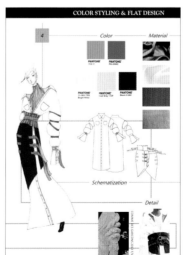 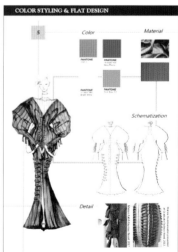

완성

작품 제작을 통해 패션쇼로 무대에 올림으로써 졸업 컬렉션을 마무리하는 단계이다.

그림 10-8 완성 사례

자료: 김보람 학생 작품

컬렉션 디자인의 예 1

Brainstorming Map

- 로코코/로멘틱/고전주의
- 로코코/파스텔계열/손바느질/디테일/로멘틱/프릴/레이스/고전주의
- 로코코/파스텔 핑크/손바느질/스티치/로멘틱/달달한 이미지/벌꿀/허니콤스티치/로멘틱/프릴/레이스/쉬폰/엘레강스/고전주의/레이스업
- 로코코핑크/누디계열/디테일/비즈/진주/스팽글/화려함/벨벳/레이스/허니콤스티치
- 로코코/부피감/솜패드/와이어/아방가르드/코르셋/속치마/플라운스

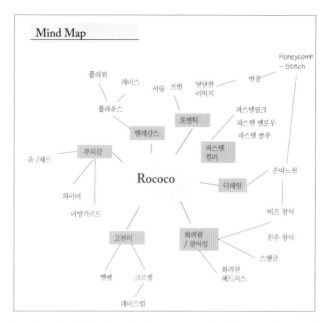

Mind Map

Rococo

- 엘레강스 — 플라워, 레이스, 플라운스
- 로멘틱 — 서렁 뜨럴, 달달한 이미지
- 벌꿀 — Honeycomb – Stitch
- 파스텔 컬러 — 파스텔핑크, 파스텔 옐로우, 파스텔 블루
- 디테일 — 손바느질
- 화려함 / 장식성 — 비즈 장식, 진주 장식, 스팽글, 화려한 헤드피스
- 고전미 — 벨벳, 코르셋, 레이스업
- 부피감 — 솜/패드, 와이어, 아방가르드

Selection of Theme

Theme : Structural Romantic

Theme Story	주로 하늘하늘하고 여리게 표현되는 로멘틱 이미지를 구조적이고 강인한 이미지 속에 녹여 표현해보고 싶었다. 로코코의 달콤한 컬러들과 섬세한 디테일, 달달함이 농축되어 있는 벌집 등에서 영감을 받았다. 조형적인 실루엣을 바탕으로 다양한 스티치 기법을 이용해 벌집의 육각형 무늬, 곡선 무늬 등을 만들고 그 위에 장식을 더하였다.
Image	로멘틱, 아방가르드
Form / Shape / Detail	스티치, 과장된 실루엣
Color	인디 핑크, 톤 다운 된 핑크 등
Fabric / Texture /Pattern	요루 쉬폰, 쉬폰, 공단, 레이스, 벨벳 암막 원단, 펠트지, 뜨개실 철망, 진주
Accessory	볼드한 귀걸이, 꽃과 비즈로 장식된 헤어피스
Target	특수의상 / 무대의상

Image map

Color

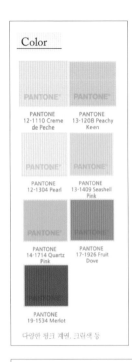

PANTONE
12-1110 Creme
de Peche

PANTONE
13-1208 Peachy
Keen

PANTONE
12-1304 Pearl

PANTONE
13-1409 Seashell
Pink

PANTONE
14-1714 Quartz
Pink

PANTONE
17-1926 Fruit
Dove

PANTONE
19-1534 Merlot

다양한 핑크 계열, 크림색 등

Fabric

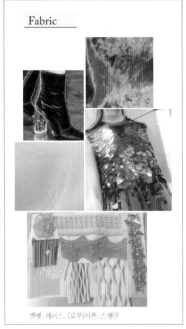

벨벳, 레이스, (요루)쉬폰, 스팽글

Style Research map

허니꼼 스티치를 활용한 의상, 볼레로, 어깨의 부피감을 강조한 의상

Detail Research map

드로 스트링, 스티치, 진주장식, 레이스업, 셔링

Total Coordination map

진주, 레이스, 글러터 등으로 장식한 신발

양봉모자를 감각적으로 풀어낸 헤드피스 / 천망과 꽃을 활용한 헤드피스

핑크계열 아이쉐도우, 립만 살짝 강조한 메이크업
자연스럽게 묶은 헤어

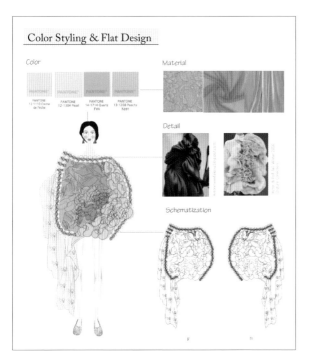

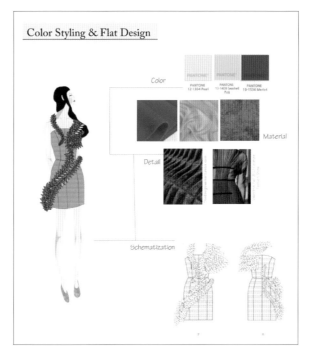

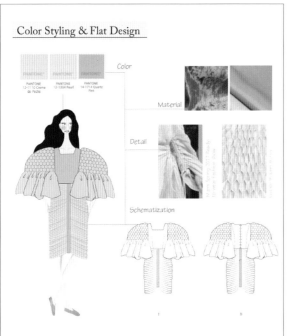

Runway

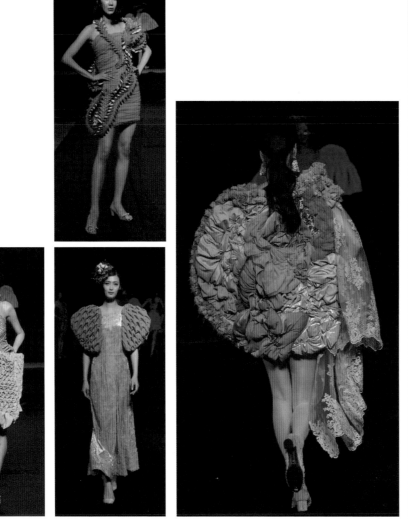

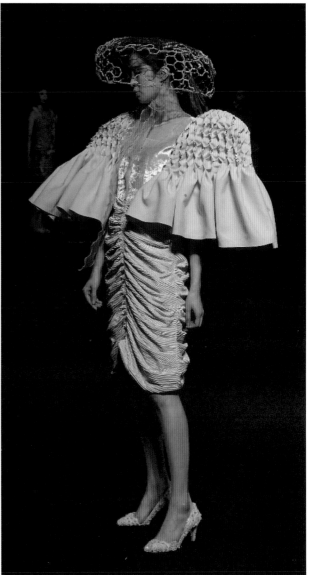

자료: 정민경 학생 작품

컬렉션 디자인의 예 2

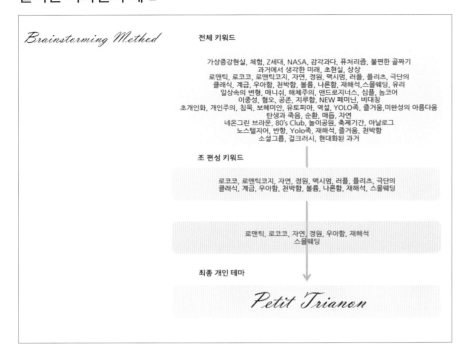

Brainstorming Methed

전체 키워드

가상증강현실, 체험, Z세대, NASA, 감각과다, 퓨처리즘, 불편한 골짜기
과거에서 생각한 미래, 초현실, 상상
로맨틱, 로코코, 로맨틱코지, 자연, 정원, 맥시멈, 러플, 플리츠, 극단의
클래식, 계급, 우아함, 천박함, 볼륨, 나른함, 재해석, 스몰웨딩, 유리
일상속의 변형, 매니쉬, 해체주의, 앤드로지너스, 심플, 놈코어
이중성, 혐오, 공존, 지루함, NEW 페미닌, 비대칭
초개인화, 개인주의, 침묵, 보헤미안, 유토피아, 역설, YOLO족, 즐거움,미완성의 아름다움
탄생과 죽음, 순환, 매듭, 자연
네온그린 브라운, 80's Club, 놀이공원, 축제기간, 아날로그
노스텔지어, 반항, Yolo족, 재해석, 즐거움, 천박함
소셜그룹, 걸크러시, 현대화된 과거

조 편성 키워드

로코코, 로맨틱코지, 자연, 정원, 맥시멈, 러플, 플리츠, 극단의
클래식, 계급, 우아함, 천박함, 볼륨, 나른함, 재해석, 스몰웨딩

로맨틱, 로코코, 자연, 정원, 우아함, 재해석
스몰웨딩

최종 개인 테마

Petit Trianon

Petit Trianon

"I want something more simple, natural"

"tour in the garden"

화려한 궁정생활 속에서 안락함을 추구하고 자연을 동경했던 마리 앙투아네트의 프리 트리아농

정원에 가야하니 심플하고 자연스러운 드레스를 원한다는 그의 말에서 영감을 받아
현대인들이 추구하는 스몰 웨딩에 필요한 편안하면서 아름다운 드레스를 제안했다.

여왕의 전원생활 속에 스며있는 로코코 스타일이 보여주는 안락하면서도 화려한 감성과
모던한 셔츠의 형태와 디테일을 결합해 새로운 감성의 웨딩룩을 디자인하였다.

Theme

Theme Story	화려한 궁정생활 속에서 안락함을 추구하고 자연을 동경했던 마리 앙투아네트의 프리 트리아농 정원에 가야하니 심플하고 자연스러운 드레스를 원한다는 그의 말에서 영감을 받아 현대인이 추구하는 스몰웨딩에 필요한 편안하면서 아름다운 드레스를 제안했다. 여왕의 전원생활 속에 스며있는 로코코 스타일이 보여주는 안락하면서도 화려한 감성과 모던한 셔츠의 형태와 디테일을 결합해 새로운 감성의 웨딩룩을 디자인하였다
Image	로맨틱, 페미닌, 모던, 컨템포러리 로코코, 자연, 정원, 우아함, 스몰웨딩 셔츠, 기성복, 재해석
Form / Shape / Detail	편안한 실루엣, H라인, A라인, 엠파이어 스타일 꽃, 진주, 러플, 플리츠,리본 등 로코코의 특징적인 요소들과 셔츠의 현대적인 디테일을 결합
Color	
Fabric / Texture /Pattern	공단, 새틴, 면, 레이스, 사, 시폰, 오간자
Accessory	티아라와 화관, 면사포를 별과 꽃을 주제로 더욱 과감하고 화려한 헤드피스로 연출 편하게 신을 수 있으면서도 모던한 느낌의 슬링백과 슬라이드, 고전적인 아이템인 슐과 롱 글로브를 현대적으로 매치 볼드하고 화려한 빅 사이즈 크리스탈 쥬얼리와 세련되고 우아한 진주를 이용한 쥬얼리 스타일링
Target	결혼을 앞둔 예비 신부, 정원에서 예식할 예정, 편안하고 자연스러운 스타일을 추구

Inspiration

Description

신체를 직접적으로 강조하지 않으면서 편안한 느낌을 줄 수 있는 웨딩 룩 (코르셋과 파니에, 스토마커를 착용하지 않은 슈미에는 자연스러운 실루엣을 연출하고 몸을 조이지 않아 편안함을 주었다)
꽃, 별, 보석, 리본 등 로코코의 요소들을 이용한 쿠튀르적 디테일
로코코 시대의 화려한 머리장식에서 영감을 받아 현대적으로 해석한 헤드피스

Color·Fabric

Color

Main Color

Sub Color

Description
웨딩에서 사용되는 순백의 이미지의 화이트와 세련된 실버를 메인 컬러로 매치
의상 디테일과 스타일링 아이템을 통해 약간의 색채감을 연출

Fabric

Satin   cotton

Lace   Chiffon   Organza

Description
사틴, 노방, 오간자 등 주로 웨딩에서 사용되는 소재를 이용
쿠튀르 트렌드 소재인 오간자 쉬폰을 이용해 동시대적인 감각을 연출

Style Research

Dress shirts [pincuck, wing collar]   Jil sander 2018 S/S RTW   Dior 2016 S/S Haute couture

Description
현대적인 셔츠의 형태에서 영감을 받아 디자인 전개
칼라, 커프스, 턴턱 등 셔츠의 디테일을 활용

Style Research

CHANEL 2017 F/W Haute couture   Dior 2017 S/S Haute couture   CHANEL 2013 S/S Haute couture

Description
웨딩드레스를 표현함에 있어 편안한 느낌의 볼륨을 연출
심플하지만 이전의 극적인 볼륨감과 다른 편안함이 주는 새로운 볼륨과 방향성을 추구

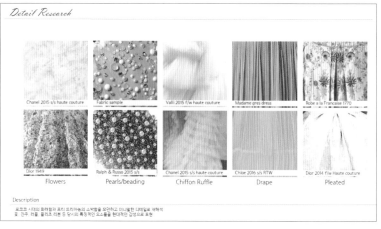

Detail Research

Chanel 2015 s/s haute couture   Fabric sample   Valli 2015 f/w haute couture   Madame gres dress   Robe a la Francaise 1770

Dior 1949   Ralph & Russo 2015 s/s   Chanel 2015 s/s haute couture   Chloe 2016 s/s RTW   Dior 2014 f/w Haute couture

Flowers   Pearls/beading   Chiffon Ruffle   Drape   Pleated

Description
로코코 시대의 화려함과 프티 트리아농의 소박함을 모던하고 미니멀한 디테일로 재해석
꽃, 진주, 러플, 플리츠 리본 등 당시의 특징적인 요소들을 현대적인 감성으로 표현

Total Coordination

영화 '석류의 빛깔'

터키 왕실 보석

Instagram   Dior 2005 F/W haute couture   Dior 2017 S/s haute couture   Chanel 2014 S/s haute couture   Chanel 2017 F/W haute couture

Description
웨딩 스타일링에 많이 등장하는 티아라와 화관 면사포를 별과 꽃을 주제로 더욱 과감하고 화려한 헤드피스로 연출
로코코 시대의 화려한 머리장식을 현대적으로 재해석함과 동시에 소극적인 효과를 극대화

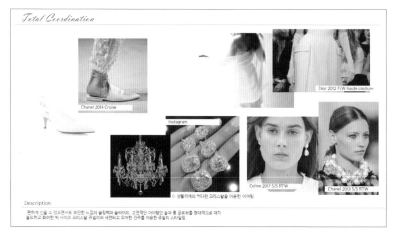

Total Coordination

Chanel 2014 Cruise   Dior 2012 F/W haute couture

Instagram   < 샹들리에의 커다란 크리스탈을 이용한 이어링   Celine 2017 S/S RTW   Chanel 2013 S/S RTW

Description
편하게 신을 수 있으면서도 모던한 느낌의 슬링백과 슬라이드, 고전적인 아이템의 슈즈와 통 글로브를 현대적으로 매치
볼드하고 화려한 빅 사이즈 크리스탈 쥬얼리와 세련되고 우아한 진주를 이용한 유닉한 스타일링

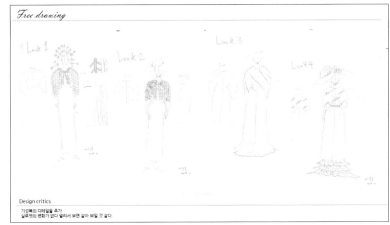

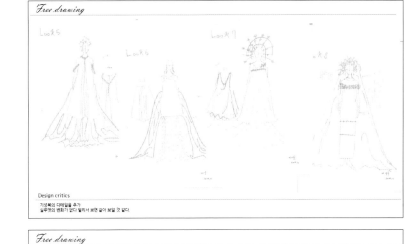

Free drawing

Design critics
기성복의 디테일을 추가
실루엣의 변화가 없다 멀리서 보면 같아 보일 것 같다.

Free drawing

Design critics
기성복의 디테일을 추가
실루엣의 변화가 없다 멀리서 보면 같아 보일 것 같다.

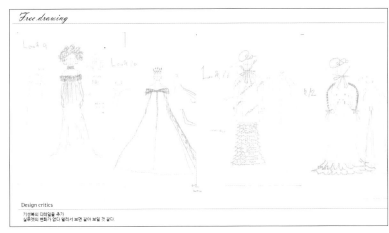

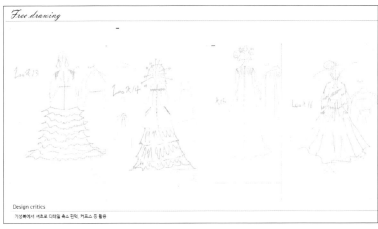

Free drawing

Design critics
기성복의 디테일을 추가
실루엣의 변화가 없다 멀리서 보면 같아 보일 것 같다.

Free drawing

Design critics
기성복에서 셔츠로 디테일 속소 핀턱, 커프스 등 활용

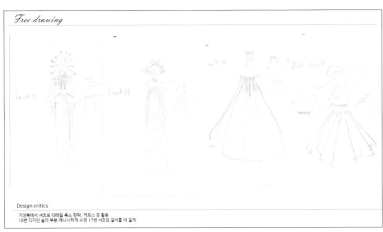

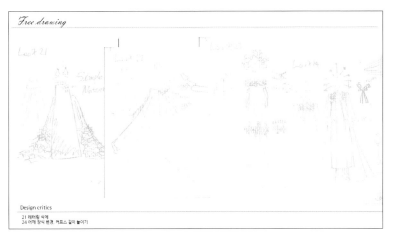

Free drawing

Design critics
기성복에서 셔츠로 디테일 속소 핀턱, 커프스 등 활용
18번 디자인 숄더 부분 매니시하게 수정 17번 셔츠의 길이를 더 길게

Free drawing

Design critics
21 레터링 삭제
24 어깨 장식 변경, 커프스 길이 늘이기

Color styling + Flat design

Design 1

Schematization[F/B]

Color

Fabric

Satinet Organza

Details

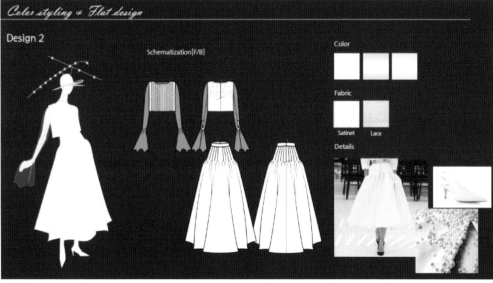

Color styling + Flat design

Design 2

Schematization[F/B]

Color

Fabric

Satinet Lace

Details

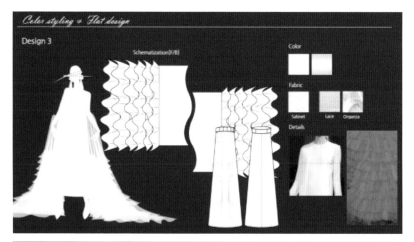

Color styling + Flat design

Design 3

Schematization[F/B]

Color

Fabric

Satinet Lace Organza

Details

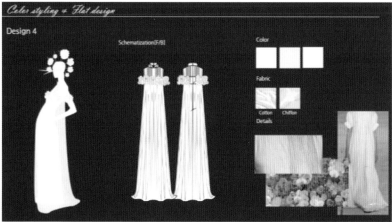

Color styling + Flat design

Design 4

Schematization[F/B]

Color

Fabric

Cotton Chiffon

Details

Color styling + Flat design

Design 5

Schematization[F/B]

Color

Fabric

Satinet

Details

Runway

CHAPTER 11

포트폴리오

디자인 분야에서 포트폴리오(Portfolio)는 작가 또는 디자이너의 작품을 모아놓은 작품집을 일컫는다. 자신의 개성과 창의성을 담아 표현한 작품들로 제작되는 포트폴리오는 작게는 하나의 주제를 가지고 만든 컬렉션 모음집에서부터 여러 컬렉션을 모아 놓은 작품집까지 다양한 형태와 내용으로 구성할 수 있다. 수많은 작품 이미지들을 한데 모아 일목요연하게 편집하고 체계화하여 일관된 흐름으로 디자이너의 예술적 감각과 능력을 보여 주어야 한다. 이러한 포트폴리오는 책뿐만 아니라 웹사이트나 페이스북, 블로그 같이 SNS를 이용하기도 한다. 창의성이 요구되는 디자인 분야에서 포트폴리오의 구성방법 및 재료의 선택은 무한대라 할 수 있다. 디자이너로서의 자신의 재능과 감성을 보여줄 수 있는 제2의 얼굴인 포트폴리오로 차별화된 나만의 개성과 잠재력을 보여주는 것은 중요하다.

포트폴리오 제작은 전체적으로 주제에 따른 일관성 있는 흐름을 가지고 진행되어야 하며 그 안에서 자신만의 개성을 담아내야 한다.

패션 포트폴리오를 구성할 경우 표지는 전체 포트폴리오의 전반적인 분위기나 콘셉트를 담으면서 자신의 감각을 보여주는 첫 단계이므로 미리 보기의 관점에서 차별화된 연출이 필요하다.

하나의 패션 테마를 가지고 포트폴리오를 구성할 경우 선택한 테마의 전체적인 분위기를 나타내는 이미지 맵을 구성한다. 이미지 맵(image map)은 테마에 대한 디자인을 하는 동안 지속적으로 디자인 기준을 설정해 주는 역할을 하므로 사진 자료는 이미지, 스타일, 색감, 소재감 등을 포괄적으로 표현할 수 있어야 한다.

이미지 맵이 완성되면 앞으로 전개해 나갈 디자인의 컬러와 패브릭, 패턴 방향을 보여주는 맵을 구성한다. 여기에 국내외 패션 자료를 활용한 스타일 & 코디네이션 맵을 통해 앞으로 전개할 디자인 및 스타일 방향을 보여준다.

패션 테마에 대한 전반적이고 구체적인 이해를 돕는 맵 작업이 끝나면 디자인 발상을 통해 다양한 디자인 전개를 시도한다. 여기서 결정된 최종 디자인은 일러스트레이션을 통해 스타일링 느낌을 살펴보고 제작을 위해 도식화로 세밀하고 정확하게 디자인을 정리한다.

취업을 목적으로 하는 포트폴리오 구성일 경우 상업적인 측면을 고려한 디자인 전개가 중요하게 작용한다. 졸업 컬렉션의 경우 주제 발상을 통해 디자이너로서의 참신함과 잠재력을 보여주는 쪽으로 강조되는 측면이 있으므로 포트폴리오 구성에 있어서도 예술적인 측면을 좀 더 풍성하게 표현하는 방향으로 구성하기도 한다.

Trend Analysis

Key Word

Trend Analysis

Key Word

Brainstorming

Mind Map

Theme Concept

Theme Story	
Image Source	
Silhouette & Detail	
Color & Combination	
Texture & Pattern	
Accessory	

Image Source

Description

Theme Image

Description

Color & Combination

Description

Texture & Pattern

Description

Style

Description

Detail

Description

Accessory

Description

Design Development

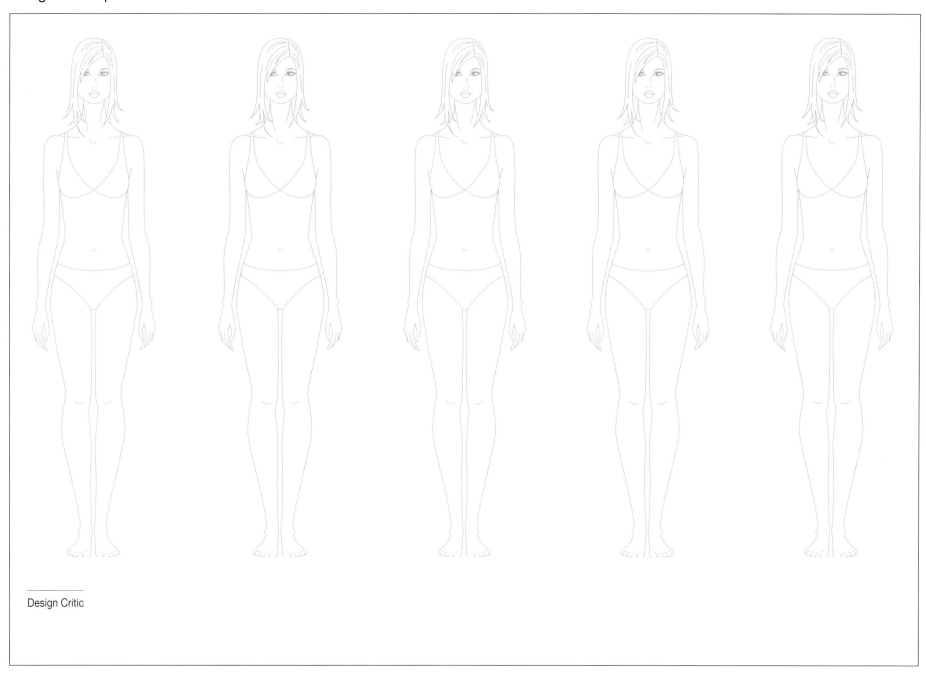

Design Critic

Design Development

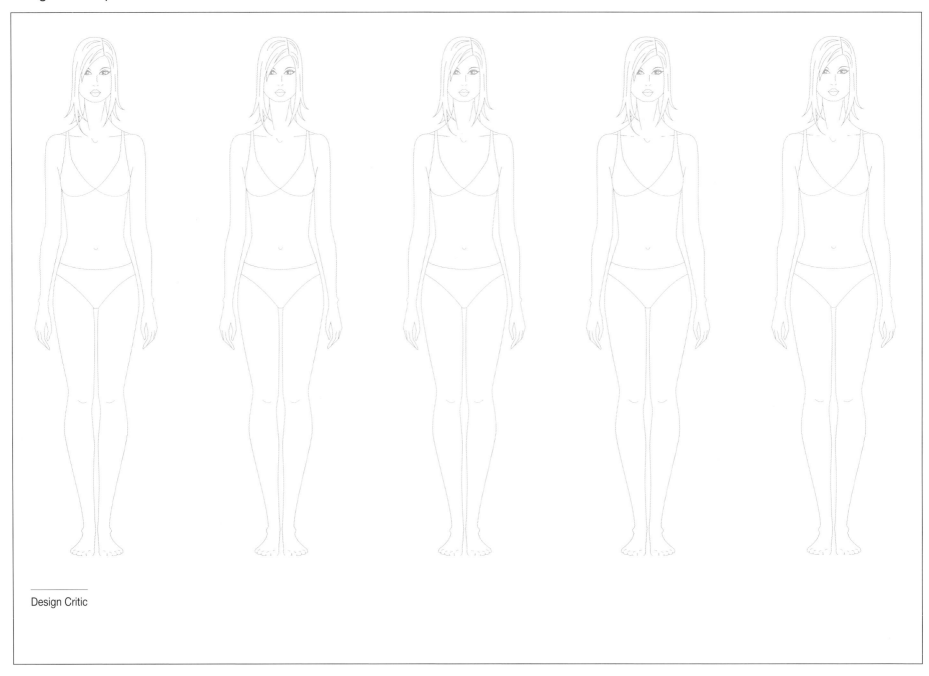

Design Critic

Design Development

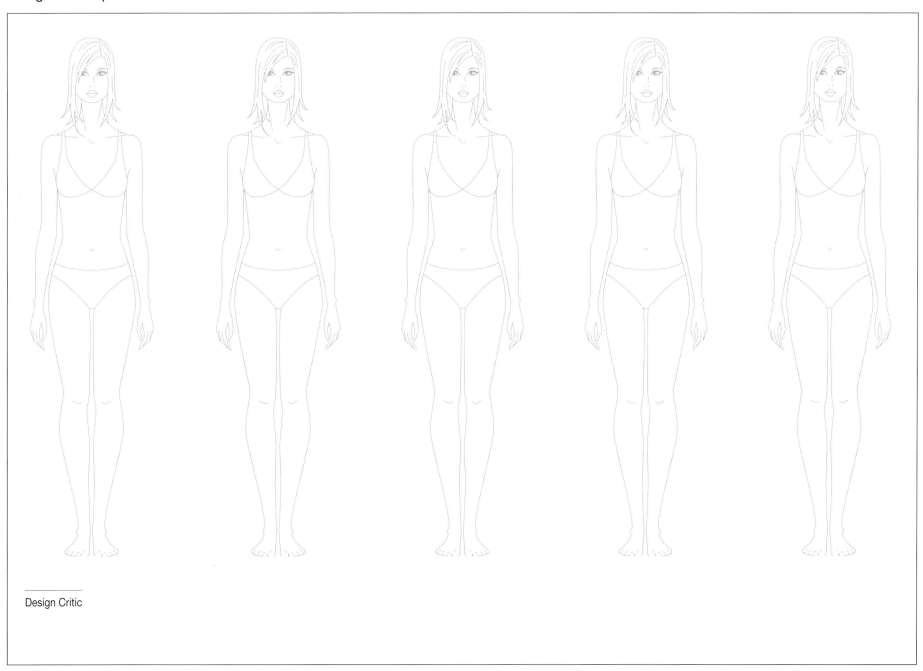

Design Critic

Styling 1

Design No.

Flat(F,B)

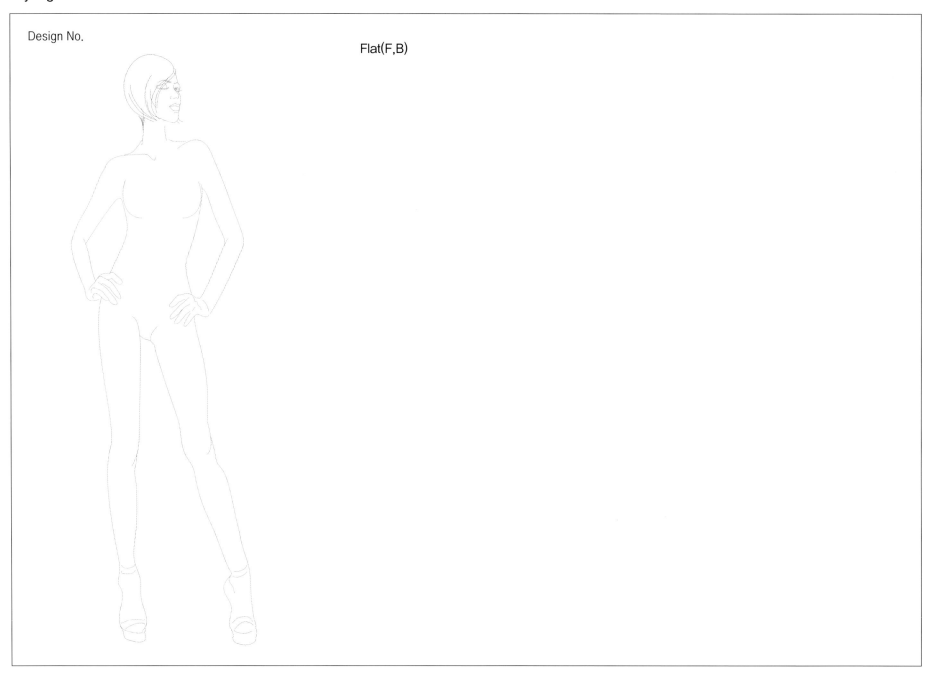

Color

Style & Detail

Fabric

Coordination

Styling 2

Design No.

Flat(F,B)

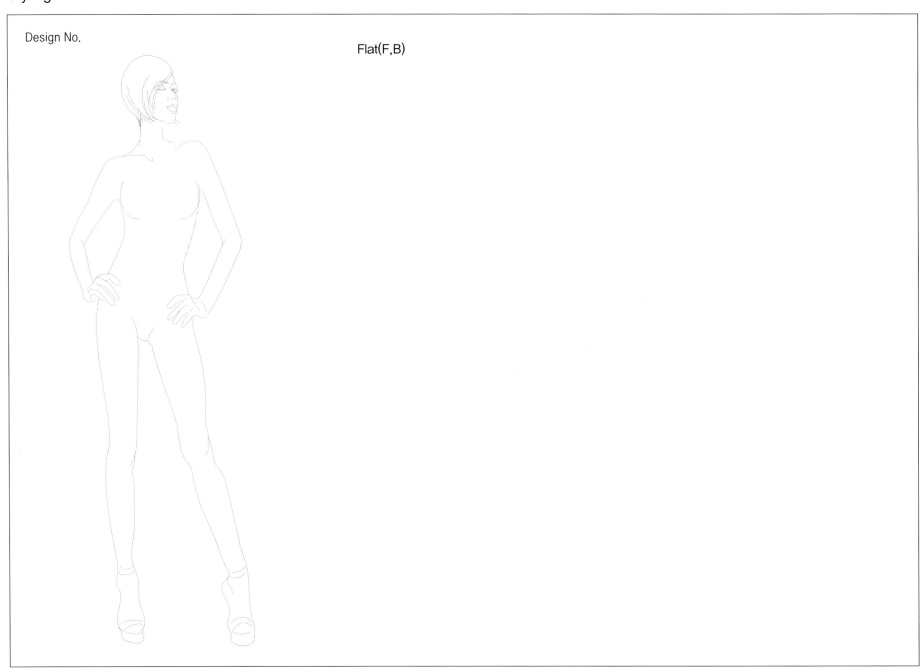

Color

Style & Detail

Fabric

Coordination

Styling 3

Design No.

Flat(F,B)

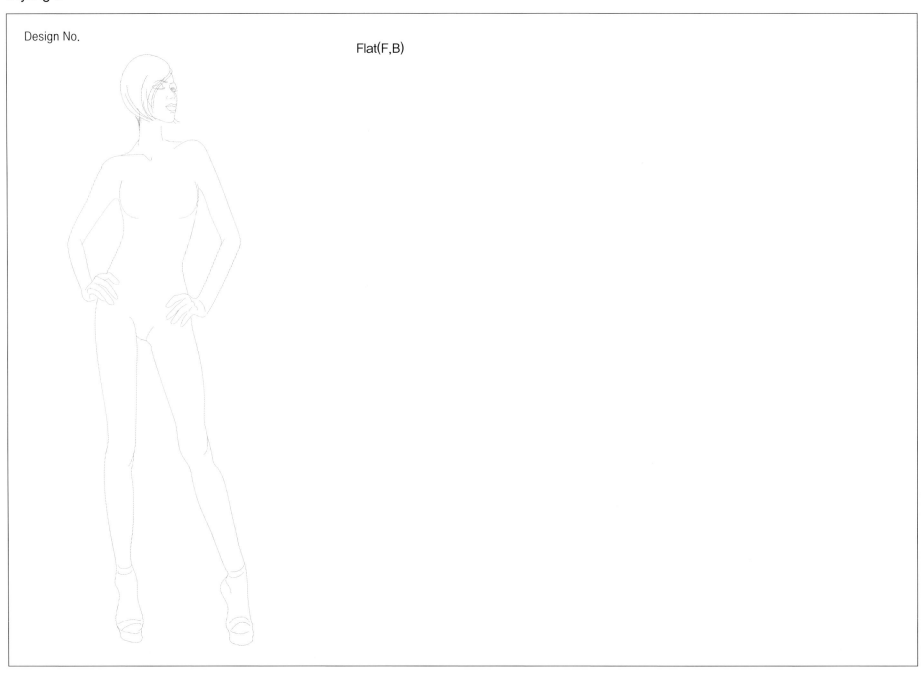

Color

Style & Detail

Fabric

Coordination

Design Development

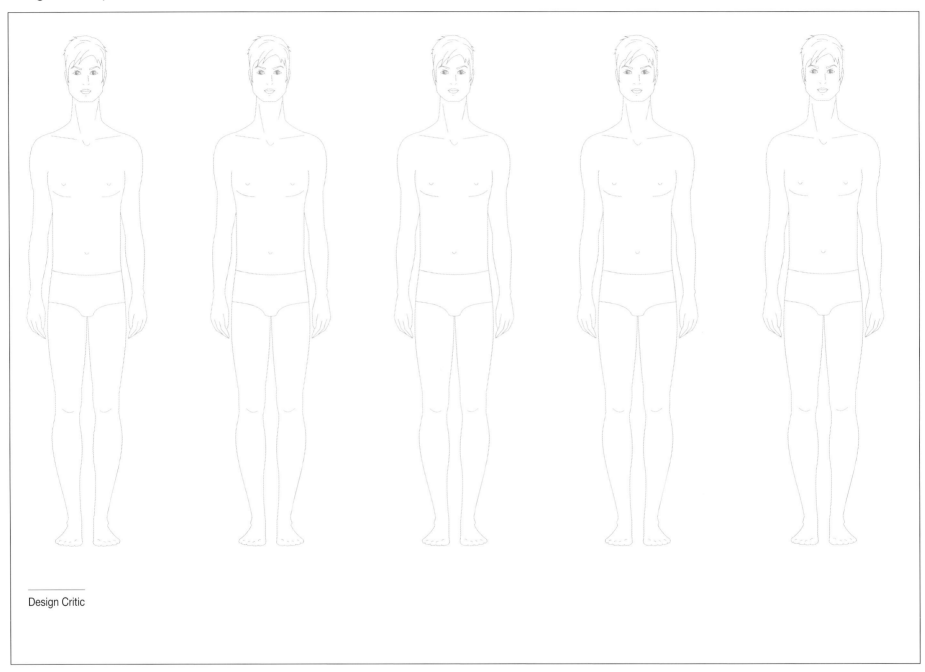

Design Critic

Design Development

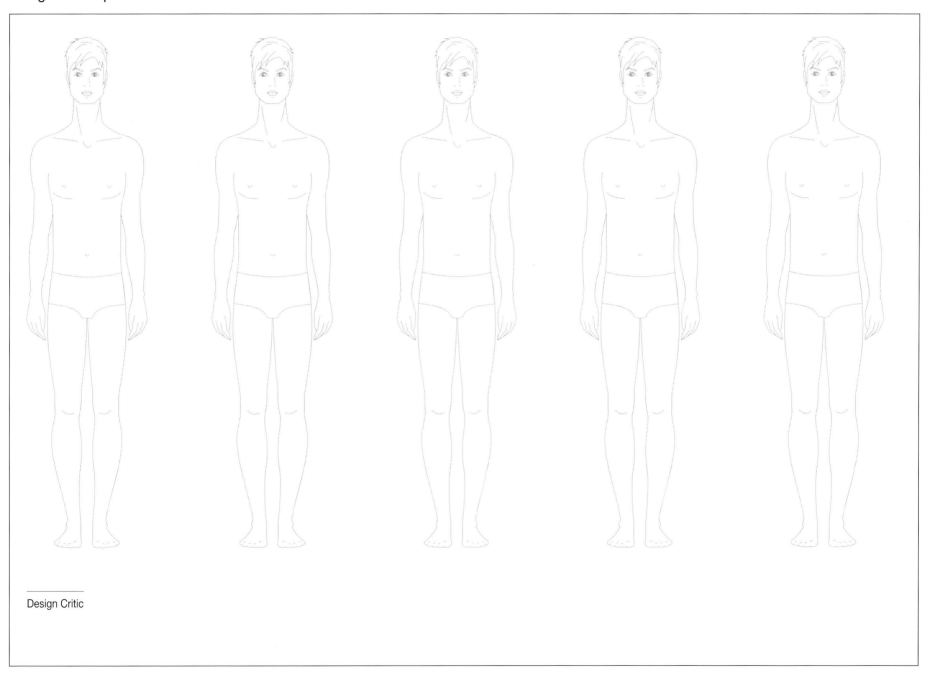

Design Critic

Design Development

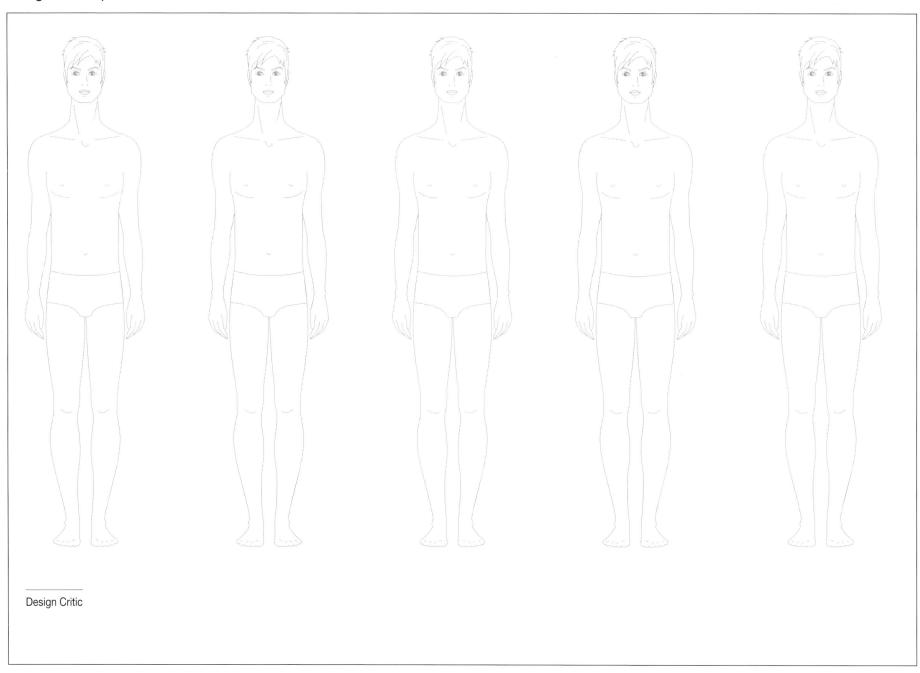

Design Critic

Design Development

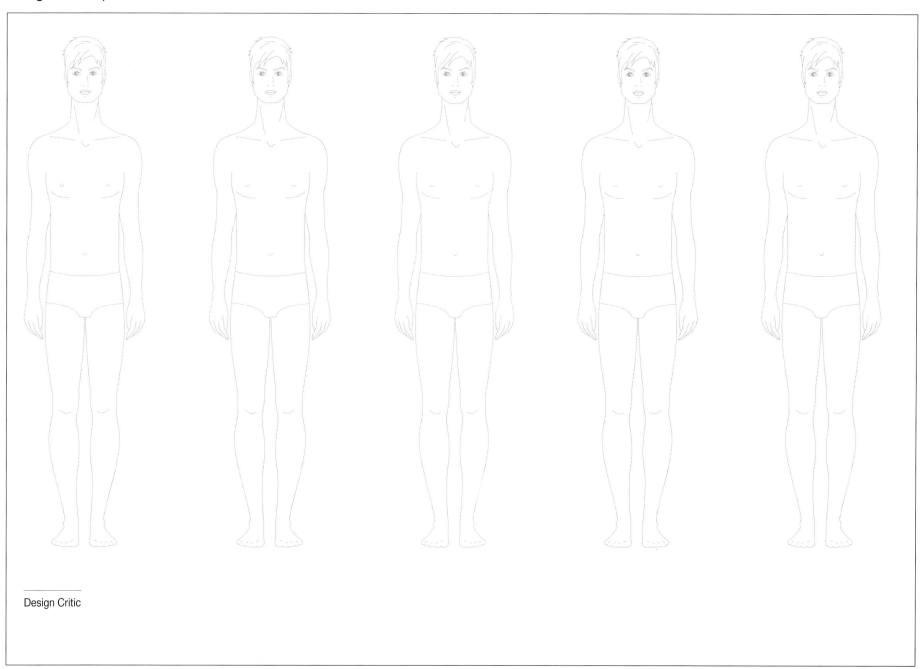

Design Critic

Styling 1

Design No.

Flat(F,B)

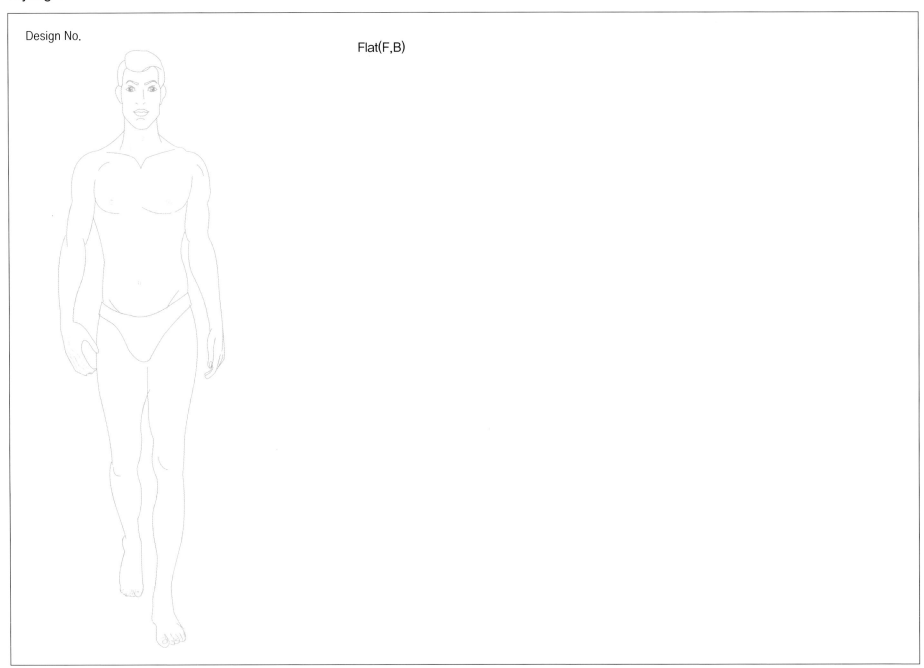

Color

Style & Detail

Fabric

Coordination

Styling 2

Design No.

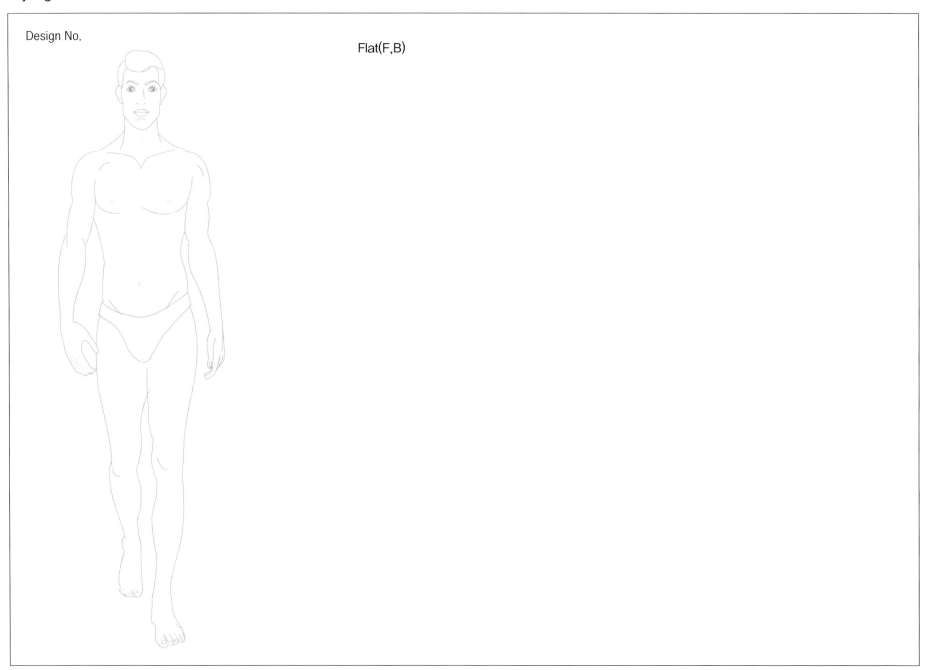

Flat(F,B)

Color

Style & Detail

Fabric

Coordination

Styling 3

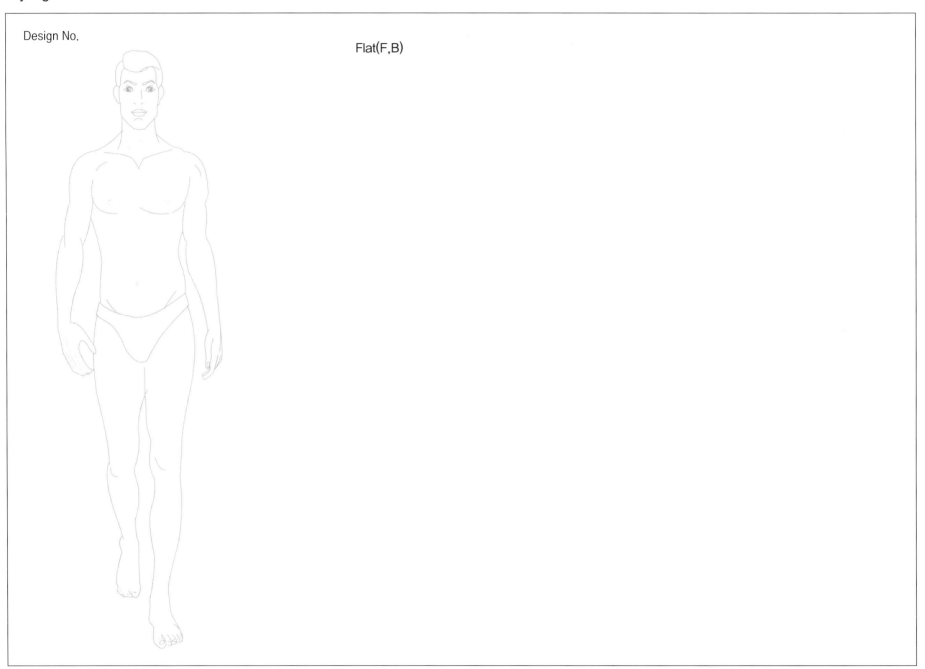

Design No.

Flat(F,B)

Color

Style & Detail

Fabric

Coordination

REFERENCE

국내문헌

Steven Faerm, 박인경 역, 2013. 패션포트폴리오 이렇게 만든다, 디자인하우스.

고애란(2008), 서양의 복식문화와 역사, 교문사.

김민자 외(2010). 서양패션멀티콘텐츠, 교문사.

김영자(1998). 패션 디자인, 경춘사.

김윤경(2014). 어휘를 통한 패션 디자인 발상 전개 과정의 특성 연구, 복식, 64(2). 113-125.

김종선(2008), 현대 기술의 변화와 인텔리전트 웨어에 관한 연구, 한국패션디자인학회지, 8(1). 77-93.

김칠순 외(2005). FASHION DESIGN, 교문사.

라사라(1991). 服食辭典.

박주희(2012). FLAT SKETCHES-패션디자이너의 도식화, 교문사

박지수, 이유리(2014), 사회연결망 분석을 활용한 패션 트랜드 고찰, 한국의류학회지, 38(5). 611-626.

박혜원 외(2006). 현대 패션 디자인, 교문사.

백영자, 유효순(1998). 서양의 복식문화, 경춘사,

변현진, 조은란(2016). 순수미술과 패션디자인과의 상호작용 연구-1920년대 이후 20세기 주요 사례 중심으로-. 조형미디어학, 19(3). 181-190.

신혜순(2004). 현대패션용어사전, 교문사.

엄소희, 장윤이(2015). 패션상품 디자인기획, 포트폴리오 완성하기, 교문사

엄소희, 이윤진(2017). 패션포트폴리오-패션브랜드 디자인기획, 예림

이경희 외(2001). 패션 디자인발상, 교문사.

이경희, 이은령(2017). 뉴 패션 디자인 플러스 발상, 교문사

이호정(1997). 복식 디자인, 교학연구사.

정운자(1986). 의복구성학, 형설출판사.

정주은, 김혜경(2015). 추상표현주의 회화를 응용한 패션디자인 연구, 한국패션디자인학회지, 15(4). 1-15.

정흥숙, 정삼호, 홍병숙(1998). 현대인과 의상, 교문사.

정흥숙(2009). 복식 문화사, 교문사.

조연진(2017). Fashion Diagramming : 패션 다이어그래밍, 아이엠북

추호정 외 9(2012). IT 패션에 대한 국내 연구 동향, 한국의류산업학회지. 14(4). 614-628.

패션큰사전 편찬위원회(1999). 패션큰사전, 교문사.

한국의류학회(1994). 의류용어집.

한은영(2017). 창의적 사고기법을 활용한 창작무용 학습지도안 개발연구: 브레인스토밍, 스캠퍼, 마인드맵을 기반으로. 성균관대학교 석사학위논문

인터넷

셔터스톡 www.shutterstock.com   위키피디아 ko.wikipedia.org

패션넷코리아 www.fashionnetkorea.com   (재)한국패션유통정보연구원 www.fadi.or.kr

작품사례 명단

김보람, 김소연, 박현, 손영현, 송윤정, 이소민, 이원미, 이인호, 정민경, 조희경, 황윤정,

INDEX

저자 소개

이경희

부산대학교 대학원 의류학과 이학박사
미국 오하이오 주립대학교 방문교수
미국 유타 주립대학교 방문교수
부산대학교 의류학과 교수

저서
패션디자인 발상(2001)
의상심리(2001)
남성 Fashion 디자인(2004)
패션 디자인 플러스 발상(2008)
개정판_패션과 이미지 메이킹(2012)
색채심리와 패션연출 워크북(2016)
뉴 패션 디자인 플러스 발상(2017)

이은령

부산대학교 대학원 의류학과 이학박사
부산대학교 의류학과 강사

저서
패션 디자인 플러스 발상(2008)
뉴 패션 디자인 플러스 발상(2017)

김윤경

부산대학교 대학원 의류학과 이학박사
창원대학교 의류학과 Post-Doc.
부산대학교 의류학과 강사

저서
패션 디자인 발상(2001)
남성 Fashion 디자인(2004)
개정판_패션과 이미지 메이킹(2012)

포트폴리오를 위한
패션 디자인 발상 & 기획 워크북

2019년 2월 25일 초판 인쇄 | 2019년 3월 4일 초판 발행

지은이 이경희 · 이은령 · 김윤경 | **펴낸이** 류원식 | **펴낸곳 교문사**

편집부장 모은영 | **디자인** 신나리 | **본문편집** 벽호미디어

제작 김선형 | **홍보** 이솔아 | **영업** 이진석 · 정용섭 · 진경민 | **출력** 현대미디어 | **인쇄** 삼신인쇄 | **제본** 한진제본

주소 (10881)경기도 파주시 문발로 116 | **전화** 031-955-6111 | **팩스** 031-955-0955

홈페이지 www.gyomoon.com | **E-mail** genie@gyomoon.com

등록 1960. 10. 28. 제406-2006-000035호

ISBN 978-89-363-1812-3(93590) | **값** 25,500원